ECOLE DU GENIE CIVIL

POUR LE COMMERCE, L'INDUSTRIE, LA MARINE, L'ARMÉE, LES ADMINISTRATIONS & LES GRANDES ÉCOLES

Enseignement sur place et par correspondance

Directeur : M. J. GALOPIN, O, *Ingénieur*
152, Avenue de Wagram, PARIS

Notions de Géologie

et

Exploitation des Mines

Professeur : M. ARNOULD de GREY

Ingénieur de l'École supérieure des Mines

EXAMENS SPÉCIAUX

AUXQUELS PRÉPARE PAR CORRESPONDANCE L'ÉCOLE DU GÉNIE

Écoles Spéciales et Examens particuliers

L'Ecole prépare à toutes Ecoles spéciales suivantes : Ecoles de Navigation, Ecoles d'Arts et Métiers, Ecoles des Mécaniciens de Brest, Toulon et Lorient, Instituts techniques spéciaux, Ecole supérieure d'électricité, Ecole supérieure d'Aéronautique, Ecole Centrale, Ecole de Physique et de Chimie, etc..

Préparations spéciales à tous les examens des Douanes, des Postes, des Ministères, des Chemins de fer, préparation spéciale aux Brevets simple, supérieur de l'Enseignement Primaire, ainsi qu'aux divers Baccalauréats, Certificats, Licences.

Industrie

Préparation à tous les grades (Contremaîtres, Conducteurs, sous-Ingénieurs et Ingénieurs), pour la Mécanique, l'Electricité, les Mines, les Travaux Publics, etc.

Mécaniciens pour Usines et Ateliers : Electriciens. — Chefs mécaniciens. — Conducteurs électriciens. Ingénieurs et Dessinateurs industriels. — Contremaîtres et Chefs d'ateliers. — Ingénieurs et Sous-Ingénieurs.

Cours spéciaux de Contremaîtres, Dessinateurs et Ingénieurs des Constructions navales.

Marine de Guerre

Matelot élève mécanicien : Quartier maître mécanicien ; Brevet élémentaire de mécaniciens ; Cours du brevet supérieur de mécanicien électricien, etc. ; Admission au cours des élèves officiers (machine et pont) ; Examen direct pour le grade de mécanicien principal ; Examen de quartier-maître préparatoire à l'examen d'élève officier de vaisseau ; Obtention du grade d'officier électricien et d'officier des autres spécialités ; Ecoles techniques élémentaire et supérieure des arsenaux ; Commis de la marine ; Commissaires et Administrateurs de l'Inscription maritime ; Ecoles navales et de Génie maritime ; Ingénieurs d'artillerie navale ; Agents et Officiers des Travaux hydrauliques.

Marine de Commerce

Brevets de capitaine au Bornage, au Cabotage et au Long Cours : Brevet pratique de mécanicien pour machines à vapeur ; Brevet pratique de mécanicien pour autres moteurs ; Brevet d'officier mécanicien de 2ᵉ classe ; Brevet d'officier mécanicien de 1ʳᵉ classe ; Brevet d'élève officier mécanicien ; Emplois d'électriciens dans les grandes Compagnies ; Emplois d'élèves mécaniciens.

Armée

Officiers du service aéronautique. — Officiers mécaniciens. — Saint-Maixent. — Vincennes. — Saumur. — Versailles. — Dessinateurs de l'Armée. — Aspirants de toutes armes. — Saint-Cyr. — Polytechnique, etc.

Administrations

Adjoints techniques, dessinateurs et mécaniciens des Ponts et Chaussées. — Agents et Sous-Agents techniques des Poudres et Salpêtres. — Mécaniciens électriciens, Dessinateurs de la voie et de la traction, Piqueurs, emplois divers des Chemins de fer. — Mécaniciens et dessinateurs des Postes et Télégraphes. — Mécaniciens et dessinateurs des Manufactures de Tabacs. — Dessinateurs et calqueurs du Ministère de la Guerre, etc.

Préparations Spéciales

Outre sa préparation aux examens ou carrières précités, l'Ecole se tient à la disposition de toutes les personnes n'ayant qu'une ou plusieurs parties à approfondir pour leur faire sur les matières qui les concernent (en tant que celles-ci sont du ressort de ce qu'enseigne l'Ecole) des préparations spéciales à des prix extrêmement avantageux.

En particulier elle a des préparations très suivies de T. S. F., Automobile, Aviation, Langues vivantes, etc..

Elle prépare également à tous les emplois réservés aux anciens sous-officiers.

Cours de Vacances, Cours du Soir, du Dimanche matin,

Leçons Particulières

Des cours spéciaux sont organisés à toute époque et pour toutes les matières de nos programmes.

Les cours les plus suivis sont ceux de Mathématiques, Dessins et Croquis industriels appropriés à toutes les spécialités, cours démonstratifs sur les pièces elles-mêmes des différentes branches techniques.

École de Génie Civil et de Navigation
Enseignement sur place et par Correspondance

Cours de Géologie

et

d'Exploitation des Mines

Chapitre I.

Géologie.

Généralités.

Nous commencerons ce Cours par quelques notions de géologie générale qu'il est indispensable de posséder avant d'entreprendre utilement l'étude de l'exploitation proprement dite des mines.

Mais qu'est-ce donc que la "Géologie"? La géologie est la science dont le but est d'étudier la structure de la croûte terrestre. Cette étude conduit à constater la trace des transformations successives des terrains et à rechercher quelles ont été ces transformations et dans quel ordre elles se sont succédé.

La géologie traitera donc à la fois de la description des matériaux qui composent notre globe et de la formation de leur gisement. Ces matériaux se divisent en substances minérales et en substances organisées. L'étude précise et détaillée de ces substances appartient à deux sciences particulières la "minéralogie" et la "paléontologie" lesquelles ne sont pour ainsi dire que des chapitres de la géologie générale.

La géologie proprement dite n'est, par suite, que l'histoire des matériaux qui constituent le globe terrestre.

Avant d'étudier la formation de l'écorce terrestre et afin de la mieux comprendre nous considèrerons d'abord les phénomènes géologiques actuels. Ce sera là le premier paragraphe de ce chapitre.

§.1 Phénomènes actuels.

La terre a été le théâtre d'une série de révolutions dont les traces sont facilement reconnues par le géologue. Aujourd'hui encore sa forme n'a qu'une stabilité apparente ; continuellement les agents mécaniques ou chimiques en modifient l'écorce.

On conçoit que les forces actuellement en jeu sont encore celles qui ont présidé au bouleversement géologique avec parfois un redoublement de puissance.

L'étude des agents naturels qui continuent à modifier la surface de la terre doit donc être le premier objet de la géologie.

De ces agents les uns sont "externes", les autres sont "internes".

Les premiers qui sont l'atmosphère, les eaux d'infiltration et courantes, les eaux de la mer, la neige et les êtres animés ont leur cause dans la chaleur solaire. A la faveur de cette chaleur, ils font perdre à l'écorce terrestre sa cohésion et les matériaux qui résultent de cette désagrégation tombent, sous l'action de la pesanteur jusqu'à ce qu'ils aient trouvé une meilleure situation d'équilibre. C'est là "l'érosion".

Les agents internes ont leur siège dans les profondeurs de l'écorce, et leur source dans l'énergie calorifique propre du globe : leur action se traduit par les phénomènes thermiques volcaniques et séismiques.

A _ Agents géologiques externes _ Érosion

Comme nous l'avons dit un peu plus haut, toute action destructive du relief est une manifestation du phénomène général de l'érosion.

Cette action tend au nivellement de la surface des continents et des îles.

Les aspérités de l'écorce terrestre résultent de gonflements, de plissements; à peine constituées, elles sont attaquées par l'érosion. De sorte que le relief actuel en un point de la surface du globe est la résultante de deux causes inverses : l'ascension et le plissement du sol d'une part et l'érosion ou dénudation d'autre part. Si la première cause est la plus forte, le pays est montagneux ; si, au contraire, la seconde l'emporte, le pays tend à se transformer en plateau ou en plaine.

a _ Action de l'atmosphère.

Elle se manifeste par suite de la foudre, des alternances de chaleur et de froid et par suite du vent.

La foudre agit peu ; elle disloque les roches dans les hautes montagnes, les vitrifie ; si le sol est sablonneux, il se produit ainsi des tubes vitreux que l'on appelle "fulgurites".

Les alternances de chaud et froid désagrègent peu à peu les roches ; les pierres deviennent instables et tombent d'elles-mêmes ; l'érosion se prépare pendant longtemps et procède par éboulements brusques : c'est ainsi que se forment les escarpements et les sommets aigus. Pour les Alpes, par exemple, si toutes les pierres qui tombent ainsi, le faisaient au même endroit on aurait une cataracte continuelle.

Le vent ne produit une érosion vraiment importante que dans les déserts où il n'y a pas de végétation, ni de neige ou de glace pour protéger le sol. Il se forme ainsi des témoins de pierre sculptés et striés par les vents.

L'action de l'atmosphère peut enfin se manifester chimiquement soit par son oxygène, soit par son acide carbonique ; c'est ainsi que le granite attaqué par l'acide carbonique de l'air se désagrège lentement.

3.— Action de la pluie et des eaux d'infiltration

L'air se charge de vapeur d'eau au voisinage des océans et des grands lacs, surtout du côté des mers tropicales, entraîné par les courants atmosphériques vers les pôles, il subit un refroidissement, et une partie de la vapeur d'eau qu'il contient se précipite sur le sol à l'état de pluie ou de neige. (En Europe, la proportion d'eau de pluie tombée s'élève, en moyenne, chaque année, à la hauteur de 0m55)

Si la pente du sol est faible ou si le sol est perméable l'eau de pluie s'infiltre promptement. Les terrains perméables sont les "terrains meubles" (sables et graviers) et les "terrains fissurés" (calcaires solides et grès)

Dans les terrains meubles il y a imbibition progressive et production de "nappes" d'eau, qui s'écoulent par des "sources" dans le fond des vallées et des ravins qui les entament. Si par exemple on suppose un plateau dont la surface est formée de sables supportés par un lit d'argile, l'eau qui s'est infiltrée à travers la couche de sable est arrêtée par l'imperméabilité de la couche d'argile; des sources apparaissent alors sur les flancs de la vallée, aux points les plus bas des ondulations formées par l'affleurement du lit argileux.

Quand une couche perméable se trouve enclavée entre deux autres imperméables, l'eau de pluie est retenue entre ces deux dernières et forme une "nappe souterraine".

Dès lors, si par un sondage on atteint cette nappe, l'eau jaillit à la surface du sol, c'est l'origine des sources "artésiennes" (fig. 1).

Dans les terrains fissurés, comme les terrains calcaires, les eaux circulent à travers les fentes et produisent l'érosion.

Cette érosion se produit de deux façons différentes: chimiquement et mécaniquement.

L'érosion chimique produit la dissolution des calcai

res par l'acide carbonique contenu dans l'eau de la pluie en arrivant à l'air libre celle ci s'évapore, et le calcaire se dépose autour des herbes ou des mousses en formant des "tufs". C'est par la dissolution du calcaire que se forment les cavernes et les grottes souterraines. Quand des eaux chargées ainsi de calcaires s'évaporent lentement par les parois de cavités souterraines, elles produisent des "stalactites" partant de la voûte et des "stalagmites" s'élevant du sol, ces incrustations sans cesse accrues finissent par se rejoindre et former des colonnes. C'est grâce également à l'action dissolvante de l'eau de pluie que l'on trouve dans le gypse des effondrements en forme d'entonnoirs.

Par l'oxygène qu'elle contient l'eau de pluie oxyde les roches qu'elle traverse l'oxydation est attestée par une teinte brune dans les terrains ferrugineux.

L'érosion mécanique se manifeste d'une façon très rapide sur les dépôts meubles. L'eau même animée d'une très faible vitesse ravine et entraîne la terre détrempée pour peu que sa vitesse augmente elle attaque les roches les plus dures. Par le ravinement des parties les plus tendres, les parties dures sont mises en saillie et restent isolées; C'est ainsi que se forment les "pierres des fées" ces pierres noyées dans l'argile durcie sont restées debout perchées sur une pyramide de terre, après que le ravinement eut entraîné la boue d'argile qui les noyait. Dans les terrains fissurés les eaux élargissent les fentes en y créant des grottes et débouchent dans les vallées en sources abondantes: ainsi s'est formée la fontaine de Vaucluse.

L'action finale de la pluie et des eaux d'infiltration est donc la préparation des effondrements et des éboulements qui peuvent atteindre plusieurs millions de mètres cubes. Dans les Alpes Suisses on a vu des masses de blocs et de boue entraînés par l'eau, cheminer avec une vitesse très grande et remonter jusqu'à plus de 100 mètres sur la pente opposée à celle où il les dévalaient. C'est pourquoi le danger des chûtes de pierres dans les montagnes est beaucoup plus grand quand il pleut.

c.— Action des eaux courantes.

Si le sol est imperméable ou encore si la pente est trop forte, l'eau de pluie ruisselle à la surface au lieu de s'infiltrer. Elle agit alors par sa masse et par sa vitesse et son action dépend de la nature et du relief du terrain ; suivant le cas on a un torrent ou une rivière.

Un torrent est un cours d'eau temporaire en forte pente, donc animé d'une très grande vitesse et par suite susceptible de faire des affouillements profonds. Dans les pays de montagnes, le terrain est disposé de telle façon que les eaux pluviales se réunissent par de nombreuses rigoles dans une dépression qui est le "bassin de réception ou cirque" d'un torrent ; elles en sortent par un étroit couloir qui est le "canal d'écoulement ou goulet" et dans ce parcours elles ne cessent de raviner le sol et les parois du canal, tant par leur force vive que par le choc des matériaux qu'elles arrachent ; en arrivant dans la vallée elles perdent leur vitesse, et les matériaux qu'elles transportent, sables, galets, boues, cailloux s'accumulent en un amas conique qui est "le cône de déjection" (fig 2)

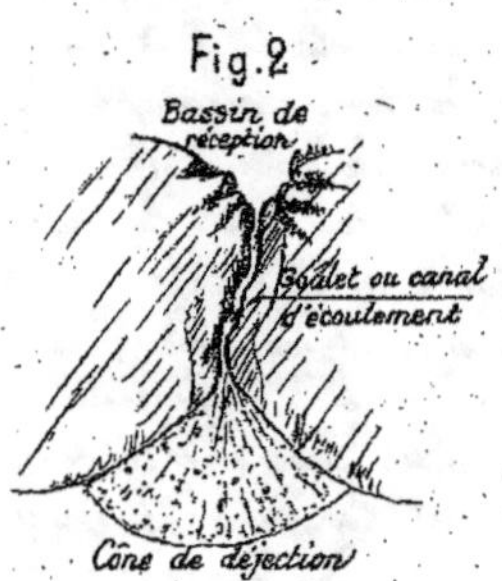

A mesure que ce cône s'allonge la pente du torrent diminue dans le bas et augmente dans le haut, le lit tend ainsi à prendre un profil d'équilibre et la puissance mécanique d'érosion diminue. Quand le lit présente des ressauts, on voit sur les parties planes s'ouvrir des excavations cylindriques creusées par les tourbillons d'eau qui s'y produisent ; ce sont "les marmites des géants". Les ravages d'un torrent sont d'autant plus intenses que le climat est plus irrégulier avec alternatives de sécheresse et d'humidité, que la montagne est plus meuble

et que dans la partie haute de la montagne il y a moins de ga-
zon et de forêt pour protéger le sol.

Une rivière au contraire est un cours d'eau perma-
nent, relativement stable, modifiant très peu son lit.
Dans la partie supérieure de leur cours, les rivières à cause de la pente du terrain, ont une allure torrentielle et se
livrent à un travail d'affouillement et d'érosion.

Si elles disposent d'une grande masse d'eau et d'une
forte pente elles peuvent creuser des gorges profondes, telles
que celles du Tarn qui ont de 4 à 500 mètres de profondeur,
on appelle souvent ces gorges des " cañons" ainsi le " cañon
du Colorado" dans l'état d'Arizona en Amérique est profond
de 1800ᵐ. Si elles rencontrent des obstacles résistants ou des
barrages accidentels, les eaux s'étendent en "lacs" derrière
ces barrages et se mettent à les creuser ; ainsi se forment les
"cataractes, rapides ou cascades" comme les "chûtes du Niagara"
La rivière creuse donc son lit jusqu'à ce que la pente ait dimi-
nuée, et pendant ce travail elle ne suit pas un chenal constant. Une fois la pente réduite, elle quitte son ancien lit ou
"lit majeur" et occupe un lit moins large ou " lit mineur" dont
la situation change dans la vallée. Quand la rivière se déplace ainsi, elle est dite "divagante" elle a pour caractère
d'attaquer les parties concaves de ses rives et de les faire ébouler, elle entraîne alors plus loin les produits de ces éboulements
cailloux, graviers, sables et limons. Enfin la pente se réduit
de plus en plus, le lit prend une largeur uniforme et le
cours d'eau est à "l'état de régime" Il présente alors dans
les terrains très plats de nombreux "méandres"

L'aboutissement général du travail des eaux courantes est donc un applanissement du sol en même temps
qu'un abaissement de son niveau moyen. On a pu calculer ainsi que par suite de l'effet combiné des eaux courantes et des érosions chimiques il faudrait 5 millions d'années
pour obtenir la disparition de la terre ferme.

d_ Action de la mer.

Les eaux de la mer couvrent les trois quarts de la surface du globe ; poussées constamment par les marées et la

courants elles produisent sur les côtes, des érosions puissantes, variables avec la nature des roches, avec leur situation et la forme de leur talus ; la puissance destructive des vagues dépend aussi beaucoup de l'intensité du vent. Avec le temps, certaines côtes, minées par les vagues, reculent peu à peu ; c'est ce qui arrive sur les rivages français et anglais de la Manche, où le recul des falaises a pour effet d'élargir de plus en plus le Pas-de-Calais.

En ajoutant l'effet de la mer, il ne faudrait plus que 4 millions d'années pour la disparition des continents et îles.

e – Action de la neige – Glaciers.

A différentes altitudes, variables avec les pays, la neige tombée pendant la saison froide ne fond point pendant l'été, elle devient " persistante ou perpétuelle " L'altitude correspondante est de 2.700 mètres pour les Alpes, et 4.800 mètres à l'Equateur.

La neige tombant sur ces hauteurs s'accumule en masses considérables qui finissent par s'écrouler en entraînant des pierres et des roches et en formant ainsi des " avalanches " Mais si la neige tombe dans un cirque d'où elle ne peut s'échapper, elle donne lieu à la formation d'un glacier.

La neige ainsi accumulée dans le " bassin de réception " forme bientôt un amas d'un poids considérable, et la partie inférieure s'écrase sous l'effet de la compression. Puis la compression augmentant abaisse le point de fusion de la neige, celle-ci fond alors en partie bien que la température soit inférieure à 0°. L'eau formée s'infiltre dans les interstices des cristaux de neige où elle se congèle de nouveau. La neige est ainsi transformée en une masse granuleuse parsemée de bulles d'air, et constitue ce qu'on appelle le " névé " Sous l'action de son poids et de la pression des neiges supérieures, le névé descend dans la gorge où débouche le cirque, fond partiellement en arrivant à une zône de moindre altitude, devient ainsi plus compacte et se transforme en une glace consistante et translucide qui caractérise les glaciers. Actuellement les glaciers sont très réduits, c'est ainsi que la " mer de glace " au Mont-Blanc

ni a que 12 kilomètres de long ; tandis que dans la période géologique antérieure à l'apparition de l'homme ils ont eu
un grand développement, plusieurs centaines de kilomètres de longueur, ceux du Mont-Blanc seraient jusqu'à
Lyon et Valence.

Le fait de la "progression" des glaciers est connu depuis longtemps ; des objets perdus à la surface d'un glacier ont été retrouvés plus tard à un niveau plus bas.

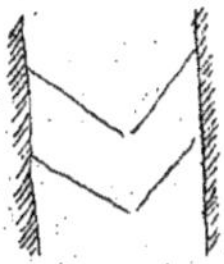

La vitesse varie de 2 centimètres à 1^m25
par vingt-quatre heures. Mais la vitesse
est plus grande au milieu du glacier
que sur les parois ; il en résulte que la
glace, inextensible, se couvre de fissures
et de crevasses disposées en chevrons vers
le haut du glacier (fig. 3)

Fig. 3

Le glacier en progressant arrive à une
région dont la température est moins
basse, la glace fond et la quantité de glace que perd ainsi
le glacier peut être égale à la quantité de glace qui se forme en amont. Le glacier se termine en ce point en laissant échapper un torrent qui roule des eaux boueuses,
mélangées parfois de blocs volumineux. La fonte se fait
par la surface par suite de l'action directe de l'air du soleil
et de l'eau. Elle se fait aussi intérieurement, surtout par la
base, par suite du "torrent sous-glaciaire" qui provient de l'eau
des crevasses. L'extrémité d'un glacier subit du reste un
déplacement continuel, car la quantité de glace qui disparaît par la fusion et celle qui est apportée par les chutes
de neige varient avec les saisons. Actuellement les glaciers
des Alpes reculent. Il y a 70 ans, au contraire, ils avançaient.

Dans les contrées polaires, la limite des neiges per-
pétuelles s'abaisse au niveau de la mer et le sol se couvre
d'une immense nappe glacée, qui en cheminant avec une
assez grande vitesse arrive jusqu'à la mer ; là, son extrémité venant à surplomber, se brise avec fracas en morceaux
énormes, qui deviennent les glaces flottantes ou "icebergs".
Il ne faut pas confondre ces derniers n'entraînant que peu

de pierres, avec les "banquises", glaces qui se forment le long des côtes par congélation directe de l'eau de mer en se chargeant de boue et de pierres provenant des falaises du rivage.

Comme agents d'érosion, les glaciers agissent par leurs effets mécaniques. Ayant, en moyenne, une épaisseur de 30 à 40 mètres (autrefois ils avaient 100 mètres d'épaisseur), on comprend que leur masse produise sur les roches encaissantes une érosion puissante; les blocs anguleux, entraînés avec la glace, strient et polissent les roches des parois, ou bien ces dernières usent et arrondissent les graviers et les cailloux charriés. Sur le fond du glacier l'érosion est encore plus marquée, et les roches, polies comme par une meule, prennent des formes arrondies, ce sont les "roches moutonnées". Si l'épaisseur est suffisante, il y a même creusement, C'est aux glaciers que l'on attribue les vallées en U, tandis que les vallées creusées uniquement par les rivières sont en V.

f.— Action des êtres animés.

Les organismes vivants contribuent à l'attaque des rochers. C'est ainsi que la terre végétale est le résultat de l'attaque du sol rocheux par les agents atmosphériques et par des ferments organisés. Certains comme les vers de terre, ramènent la terre au jour où elle s'oxyde. D'autres prennent à certaines roches le phosphore dont ils ont besoin.

B.— Sédimentation.

Les matériaux enlevés au relief par l'érosion mécanique ou chimique vont se déposer dans des régions plus basses sous l'action de la pesanteur, ou l'action combinée de la pesanteur et de la vie ou des affinités chimiques. C'est le deuxième stade du nivellement général dont nous avons déjà parlé. Les "sédiments" déposés durcissent et deviennent partie intégrante de la croûte terrestre; ils pourront du reste être réattaqués par l'érosion.

La "sédimentation" sur les continents peut se faire par le vent, par les cours d'eau ou de glace et par les organismes.

La sédimentation marine se fait soit sur les côtes, soit dans les grands fonds.

a. — Sédimentation par le vent.

Le vent chasse les sables et les laisse tomber ainsi, on a ainsi les " dunes ". Les dunes se forment toutes les fois qu'il y a dans une région plate une accumulation de sable quartzeux, qui résiste à l'agglutination et à la végétation. — Le long des côtes on a les " dunes marines " qui peuvent atteindre 90 mètres sur la côte française. Les " dunes continentales " proviennent du sable d'anciens lacs asséchés ou de bancs de grès quartzeux attaqués par le vent : ainsi les dunes du désert qui peuvent atteindre jusqu'à 500 mètres.

b. — Par les glaciers.

Un glacier entraîne dans son mouvement tous les débris de roches que la pluie, la gelée, les avalanches ou lui-même détachent des escarpements qui l'encaissent ; ces débris forment le long du glacier deux traînées appelées " moraines latérales ". Si deux glaciers se réunissent en un seul, la moraine de droite de l'un se joint à la moraine de gauche de l'autre et de cette jonction résulte une " moraine médiane ". Tous les produits charriés par le glacier en arrivant à son extrémité, qui se termine par un escarpement à pic ; s'entassent au pied et forment un amas demi-circulaire qui est la " moraine frontale ". Si le glacier avance, il éventre sa moraine ; s'il recule la moraine reste et marque la place limite atteinte par le glacier. Les moraines sont formées de blocs entassés réunis par un mélange de cailloux arrondis et de boue d'argile durcie. Quand elles sont détruites par les eaux de pluie et de ravinement il reste des grosses roches isolées ; ce sont les " blocs erratiques ".

c. — Par les torrents.

La sédimentation se fait par le cône de déjection dont nous avons déjà parlé. La pente de ces cônes varie de 0 à 8° chiffre qu'elle atteint dans les Alpes où l'on en rencontre beaucoup et de très grands. Ces cônes sont constitués d'un amas de matériaux roulés et anguleux assemblées sans ordre.

d.— Par les rivières.

Cette sédimentation particulière porte le nom d'"alluvionnement". Les produits des éboulements et de l'attaque des parties concaves des rives sont entraînés par la rivière plus loin et se déposent en "alluvions" au fond du lit ou sur les rives convexes. Partout où la vitesse se ralentit il se dépose des alluvions. C'est pourquoi la rive convexe en reçoit (fig. 4) ou encore la rive commune au confluent de deux rivières (fig. 5)

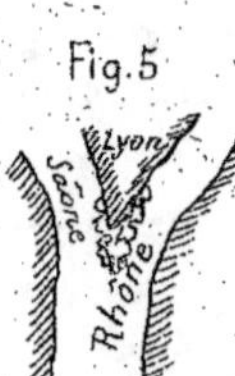

C'est pour cette raison que les sinuosités d'un fleuve tendent à s'accentuer. La partie centrale de Lyon est ainsi bâtie sur les alluvions de la Saône et du Rhône (fig. 5). Les alluvions déposées sur le lit sont mobiles, car le courant a tendance à les entraîner plus loin, tant qu'un seuil rocheux ne les arrête pas. Tous ces dépôts sont formés de graviers fins mélangés de lentilles d'argile. A l'époque des crues, la formation des alluvions est plus importante; les sables et les cailloux sont violemment charriés, et les eaux débordées s'étalent sur une grande surface qu'elles recouvrent de "limon"; le limon déposé ainsi chaque année par le Nil fertilise le sol de l'Égypte. Le long des grandes vallées on trouve des alluvions étagées ou terrassées, ainsi dans la basse vallée du Rhône elles proviennent d'anciennes crues des périodes géologiques récentes.

e.— Par les lacs.

Les lacs de montagne sont comblés violemment par les torrents, le cône de déjection formé le "delta torrentiel" constitué de cailloux de toutes sortes. Les lacs servent également à recevoir les sédiments formés par la voie organique.

f.— Par les organismes.

Les organismes ont contribué par l'accumulation

de leurs dépouilles, à l'accroissement de l'écorce terrestre.

C'est ainsi que se forme la "Tourbe". La tourbe est en effet le produit de la décomposition, sous l'eau, de certains végétaux d'ordre inférieur, tels que les mousses. Ces mousses ont besoin, pour se développer, d'une eau limpide et d'une atmosphère humide avec une température moyenne ne dépassant pas 8°. Dans ces conditions elles croissent rapidement, mais elles meurent du pied, la base constamment à l'abri de l'air subit une décomposition incomplète et passe à l'état de tourbe. Les tourbières se développent surtout dans les régions tempérées et froides.

Le "lignite" représente un stade de décomposition de la matière végétale plus avancé que la tourbe, et par suite de date plus ancienne. Il s'est formé de même : les débris de plantes ou d'arbres ont été charriés par les fleuves jusque dans leurs deltas ou dans des lacs, ou bien les végétaux ont été enfouis sur place sous des alluvions ; la fibre et l'écorce se sont alors décomposées à l'abri de l'air et transformées en lignite.

La "houille" et l'"anthracite" proviennent aussi de la décomposition de végétaux terrestres à l'abri de l'air, d'une façon plus complète que la tourbe et le lignite et à une époque géologique plus lointaine.

Enfin l'action des organismes se manifeste surtout dans la sédimentation marine comme nous allons le voir.

9. — Sédimentation côtière.

Sur les côtes de la mer se forment les dépôts de plage, les dépôts des embouchures des fleuves, et les dépôts littoraux.

Les dépôts de plage sont constitués par un mélange de sable et de vase avec des coquilles de mollusques qui donnent les roches calcaires appelées "lumachelles" ou avec des algues. Si la vase est très argileuse on obtiendra de la "marne". Si elle est très sableuse, on aura un grès calcaire appelé "molasse". Les bancs d'huîtres deviendront des bancs calcaires.

Les dépôts aux embouchures des fleuves varient avec la nature de celle-ci. Si la côte est escarpée l'embouchure est un "estuaire" profond où la marée exerce son influence ;

les limons apportés par les cours d'eau forment dans cette
échancrure un bourrelet d'alluvions, qui tend à oblitérer l'entrée du fleuve; cette digue ou "barre" se déplace sous l'action des marées. Le plus grand estuaire est celui du Saint-
Laurent au Canada. Si, au contraire, la côte est basse,
l'embouchure est un "delta" large et peu profond; les
matières s'y déposent abondamment au moment des crues
et forment ainsi une sorte de cône de déjection, qui devient
un îlot triangulaire tournant sa pointe vers la source du
fleuve et le divisant en deux branches: de là le nom grec
delta. Les deltas les plus connus sont ceux du Nil, du
Rhône et du Missisipi.

Les dépôts littoraux sont formés d'une part par les
matériaux provenant de l'érosion des falaises, d'autre part
par des organismes vivants. Les premiers sont les "cordons
littoraux". Les galets et les sables roulés près du rivage sont
sans cesse en mouvement sous l'action des flots et peuvent
cheminer assez loin de leur point d'origine. Dans les
anses des rivages où la mer est peu profonde et peu agitée
les sables et les galets s'arrêtent au pied des promontoires
qui terminent les anses et forment à l'entrée de la baie
deux jetées ou flèches qui finissent quelquefois par se réunir, produisant ainsi le cordon littoral et transformant
la baie en une "lagune" ou un "étang"
fig. 6. On en rencontre beaucoup sur les
côtes du Languedoc et à Venise.

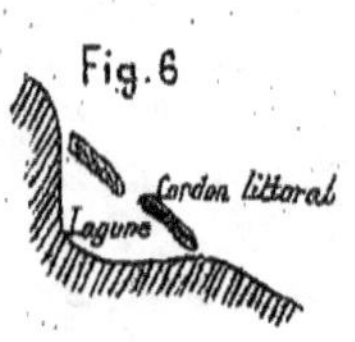

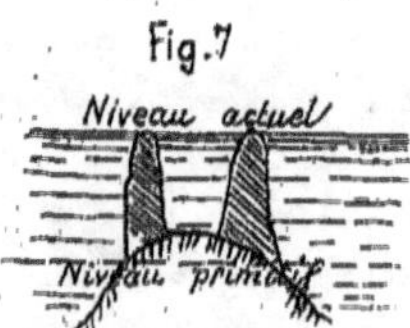

La seconde catégorie de dépôts
littoraux est constituée des "récifs
coralliens". Les polypiers sécrètent aux dépens
du sulfate de chaux de l'eau de mer
un squelette calcaire et forment rapidement, près des côtes des massifs calcaires puissants et solides; vivant en
colonie, ils constituent une masse qui
s'accroît sans cesse par le sommet ou la
surface tandis que la base meurt (fig. 7)
La vague comble les interstices de l'édifice

qui devient compact et forme un récif corallien. Pour le développement des organismes coralligènes, il faut une eau exempte de
sédiments en suspension et de température minima 20°. la
profondeur ne doit pas dépasser une trentaine de mètres.
C'est ainsi que se forment les "récifs frangeants" qui sont
appliqués contre la côte, les "récifs barrières" et les "atolls"
en plein océan. Sur le bord extérieur des récifs, les dépôts
qui se forment sont composés de débris de coraux ; ces dépôts
s'agglomèrent en un calcaire compact qui peut devenir
coquillier. Sur le bord intérieur abrité contre le choc des
vagues on trouve un calcaire plus tendre et des algues.

h. _ Sédimentation en pleine mer.

Les sédiments "terrigènes", c'est-à-dire qui proviennent
de l'érosion terrestre peuvent se former jusqu'à 500 kilomètres
des côtes, si les matériaux sont entraînés par les courants marins. Ce sont les sables les plus fins qui s'en vont le plus loin,
car ils ne peuvent se déposer que là où la vague est moins
agitée. On a ainsi les "vases bleues" et ensuite les "vases vertes"
Mais plus loin, dans la zone où les sédiments terrigènes n'arrivent plus, la sédimentation se fait uniquement par l'action des organismes marins. On trouve une vase blanchâtre
contenant presque uniquement du carbonate de chaux
constituée par de minuscules enveloppés d'organismes ; ce
sont les "boues à globigérines" qui couvrent le fond de la
moitié des mers actuelles, jusqu'à une profondeur de 5.000
mètres. Aux profondeurs plus grandes, il faut citer les
"boues à radiolaires" vase rouge siliceuse. Tous ces dépôts marins
se forment lentement : $\frac{1}{10}$ de millimètre par an au large, et
$\frac{1}{2}$ millimètre sur les côtes soit 1 millier d'années pour avoir un
dépôt de 500 mètres d'épaisseur.

Il faut encore mentionner les "atolls" récifs coralliens qui s'élèvent en plein océan ; ils sont en forme d'anneau avec une lagune intérieur qui se comble, et l'on a
ainsi une île très basse ; ils prennent naissance sur une
ancienne île ou volcan englouti.

C.— Agents géologiques internes.

Les agents géologiques internes, qui ont tous la même cause dont nous parlerons plus loin, comprennent les phénomènes volcaniques, thermiques et séismiques. Ils sont, du reste, comme nous allons le voir, liés assez intimement les uns aux autres.

a.— Phénomènes volcaniques.

Les volcans, qui mettent en communication la surface du globe avec les matières fluides situées au-dessous de l'écorce se présentent sous la forme d'une montagne terminée par un orifice en forme de coupe, appelé "cratère" où vient déboucher un canal auquel on a donné le nom de "cheminée". Quand le volcan est à l'état de repos, l'existence du foyer interne ne se traduit que par des dégagements de fumées accompagnés de faibles explosions.

Au moment des éruptions, annoncées par des grondements du sol, le volcan lance au loin et à de grandes hauteurs des produits solides, cendres et scories embrasées, des produits liquides ou laves, et des vapeurs qui forment des nuages épais.

Les premières projections du volcan se composent de débris arrachés à la cheminée ou au cratère ; le volcan lance ensuite des fragments de lave visqueuse et des cendres qui ne sont autre chose que de la lave solidifiée dans un grand état de division. Tous ces produits retombent en averse autour de l'orifice de sortie et y font naître un "cône de débris" dont les dimensions sont variables et dont le talus a une inclinaison de 35, à 40°. Ces cônes manquent de cohésion et sont exposés à une lente destruction par les agents atmosphériques, si une éjection ultérieure de lave ne vient pas les consolider.

Au moment de l'éruption, les matières fluides peuvent s'échapper par des fentes s'ouvrant sur les flancs du volcan ; il se forme ainsi plusieurs éruptions latérales dont les cendres et les scories produisent des "cônes adventifs" pouvant atteindre jusqu'à 300 mètres de hauteur.

L'émission des laves est le fait le plus important de

l'éruption. Les laves en se solidifiant donnent naissance à des roches diverses; il y a les "laves acides ou légères" riches en silice, soude et potasse; et les "laves basiques ou lourdes" chargées d'éléments ferrugineux qui leur donnent une coloration noire. Les premières moins fusibles se couvrent d'une croûte de scories laquelle est déchirée par le dégagement des vapeurs de la partie restée liquide; de sorte que la surface prend un aspect rugueux comme pour les laves d'Auvergne. Les secondes basiques, plus fluides, se solidifient lentement en traînées visqueuses ondulées, ce sont les "laves cordées". La vitesse de la lave qui dépend de sa fluidité, varie de quelques mètres à plusieurs mètres par seconde. La température est très élevée et dépasse 1000°. La lave peut couler à l'air libre par déversement en une nappe plus ou moins large d'épaisseur assez uniforme et de faible inclinaison; elle peut aussi s'échapper par des fissures du cône, elle forme alors de véritables filons verticaux appelés "dykes"; elle peut enfin sortir en coulées discontinues c'est le cas des volcans à forte pente, elle se solidifie alors en gros blocs.

"L'exhalaison volcanique" est composée par le "panache" émanation gazeuse s'échappant du cratère ou des cônes adventifs en activité et par les "fumerolles" fumées blanches qui se dégagent de la lave. Le panache contient de l'hydrogène, des hydrocarbures, des chlorures anhydres de fer, de sodium de potassium qui se trouvent à l'état de poussières blanches et donnent leur coloration au panache. Les fumerolles sont d'abord sèches à cause de la température et formées surtout de vapeurs de sel marin; plus loin se dégagent de la vapeur d'eau acide à 300°, puis des fumerolles alcalines froides où domine la vapeur d'eau; en dernier lieu se produisent des émanations d'acide carbonique qui peuvent persister longtemps après l'extinction du volcan.

Au point de vue de la situation, les volcans se rencontrent toujours sur le bord des régions effondrées ou sur le bord des régions plissées avec de grandes dénivellations; ils sont souvent au bord de la mer, puisqu'au bord de la mer ces conditions de plissement ou d'affondrement sont remplies. C'est ainsi que l'Océan Pacifique est entouré d'un véritable cercle de feu : depuis la Nouvelle-Zélande en passant par Java, Sumatra, les îles Philippines, le Japon jusqu'au Kamtchatka, d'une part, et de l'autre depuis l'Alaska jusqu'à la Terre de Feu en passant par la Californie, le Mexique et la Cordillère des Andes. Tous ces volcans ne sont pas en activité actuellement, il y en a beaucoup d'éteints. Mais à toute époque géologique on constate l'activité volcanique par les traces qu'elle a laissées : les cônes ont disparu, mais il reste les coulées de lave, les "cheminées" de roches volcaniques qui traversent les terrains sédimentaires. C'est ainsi que le massif du Puy-de-Dôme est formé par une coulée homogène de lave.

Les principaux volcans actuels en Europe sont : le "Vésuve" haut de 1100 mètres dont la formation du cône actuel date de l'éruption de l'an 79 qui engloutit Herculanum et Pompéi, l'ancien cône subsiste en partie à côté c'est la Somma ; l'"Etna" en Sicile d'altitude de 3.300 mètres dont un des cônes adventifs en se formant en 1669 engloutit la ville de Catane ; le "Stromboli" le long de la côte de Calabre en activité continuelle ; l'"Hécla" le principal des volcans de l'Islande, contrée qui est presque entièrement formée par des terrains volcaniques.

b. — Phénomènes thermiques.

On comprend sous ce nom, d'autres manifestations de la chaleur interne, localisées dans le voisinage des anciens centres volcaniques : ce sont les solfatares, les salses, les mofettes, les geysers, les sources thermales.

Les "solfatares" sont des dégagements violents de vapeur d'eau mélangée d'hydrogène sulfuré, ce gaz se décompose en arrivant à l'air, une partie du soufre se dépose et l'acide sulfureux formé se convertit en acide sulfurique qui, en réagissant sur les roches, forme des sulfates (alun et gypse). Les "puffioni" de Toscane, qui fournissent de l'acide borique, sont aussi des solfatares.

Les "salses" ou volcans de boue sont de petites éminences en forme de cratère, d'où s'échappent par éruptions disconti-

mes des flots d'une boue fine et salée et des gaz hydrocar-
bonés. Les salses de la mer Caspienne, près de Bakou,
rejettent surtout du pétrole.

Les "mofettes" sont des exhalaisons d'acide carbonique qui caractérisent des régions où l'activité volcanique
est depuis longtemps éteinte; ainsi la Grotte du Chien
près de Naples.

Les "geysers" sont des dégagements intermittents
d'eau bouillante en jets qui peuvent atteindre 60 à 80 mètres de hauteur. L'eau provient des infiltrations et doit sa
température au voisinage d'émanations chaudes issues d'un
foyer volcanique souterrain; cette eau contient en dissolution une grande quantité de silice hydratée (geysérite) qui
en se déposant autour de l'orifice de sortie forme des concrétions abondantes. Les éruptions des geysers ne durent que
très peu de temps en général. Les geysers les plus remarqua-
bles sont en Nouvelle Zélande, en Islande, et au Parc
National de Yellowstowne aux Etats-Unis. Les geysers
peuvent donner naissance aux "eaux vierges ou juvéniles" qui sont des sources chaudes d'origine volcanique et qui
par suite contiennent toujours du fluor.

Les "sources thermales" proviennent des eaux d'infiltrations qui se sont échauffées en pénétrant profondément
dans un sol fissuré; la vapeur d'eau produite les refoule vers
la surface; mais à cause de leur température élevée, elles dis-
solvent dans leur trajet souterrain des substances minérales,
d'où le nom de "sources minérales". Le débit et la température de ces eaux est variable. Ce qui les différencie des eaux
juvéniles c'est qu'elles ne sont pas d'origine volcanique.

c — Phénomènes seismiques

La terre étant, comme nous allons le voir bientôt, for-
mée d'une enveloppe relativement mince, et de résistance variable, entou-
rant un noyau liquide qui se refroidit peu à peu et se
contracte il arrive que cette enveloppe se plisse et se couvre de bourrelets et de rides, ou même se distend et se déchi-
re à cause de son manque d'élasticité.

Les "tremblements de terre" ou "seismes" sont deébranlements très courts caractérisés par un état particulier de trépidations du sol ; un bruit sourd précède souvent l'ébranlement qui se traduit par des "ondulations" et plus fréquemment par des "secousses". Les séismes se font sentir à des distances variables et avec une vitesse qui dépend de la constitution des terrains ; les terrains meubles, tels que les sables, propagent peu le mouvement, mais sont plus bouleversés qu'un sol formé de laves ou de roches calcaires. L'Océan transmet les ébranlements plus loin que ne le font les couches rigides de l'écorce terrestre, et il se produit une "vague de translation" dont les effets sont parfois terribles. Sur le bord de la mer même il se produit un "raz de marée". Des "crevasses" profondes se forment dans le sol à la suite de ces secousses, elles se referment ou bien restent béantes. En 1908 le séisme de Messine anéantit la ville en faisant 200.000 victimes.

Les "oscillations lentes" du sol sont pour ainsi dire insensibles et ne sont appréciables qu'après un grand nombre d'années. Ce sont soit des "soulèvements" soit des "affaissements" Ces mouvements s'apprécient surtout le long des côtes, où le niveau de la mer fournit un point de repère fixe. Ainsi on observe un exhaussement en beaucoup de points de la côte française : en Artois, au Croisic, à la Rochelle et surtout sur les plages de la Tunisie. Les côtes de Bretagne en général, et celles de la Hollande subissent, au contraire, un affaissement progressif. Mais pendant les périodes géologiques la violence des séismes a été très grande, et a produit des effondrements de milliers de mètres. C'est ainsi que par l'étude du fond de l'Océan Atlantique, l'on a été amené à l'hypothèse de l'existence d'un grand continent qui existait entre l'Europe et l'Amérique et se serait effondré au début des temps historiques ce serait la confirmation de l'"effondrement de l'Atlantide" dont parle Platon.

D. — Origine des Agents géologiques internes.

L'influence de la chaleur solaire ne se fait sentir qu'à une très faible profondeur du sol, et on peut trouver dans chaque lieu une zone souterraine dont la température constante est indépendante des variations atmosphériques ; cette zone se trouve à Paris à une profondeur de 10 mètres. Mais, si on s'enfonce de plus en plus dans le sol on constate, quelle que soit la région, que la température augmente régulièrement. On appelle "degré géothermique" le nombre de mètres dont il faut s'enfoncer suivant la verticale pour que la température augmente d'un degré centigrade. Ce chiffre varie suivant les terrains et les endroits, mais habituellement il est compris entre 30 et 40 mètres. On a pu le mesurer en prenant la température du sol dans différents sondages et dans le percement des tunnels.

C'est ainsi que pour des profondeurs de sondage de 1000 à 1200 mètres on a constaté des températures de 50 à 55°. On est conduit alors à penser qu'à une certaine distance de la surface la chaleur est suffisante pour maintenir en fusion toutes les roches de l'écorce terrestre ; cette distance est relativement faible en comparaison de la longueur du rayon terrestre. On admet donc l'existence d'un "noyau fluide" reste de l'état primitif de notre globe.

De cette hypothèse on peut déduire l'explication des phénomènes volcaniques, thermiques et seismiques.

La masse fluide interne est le foyer des phénomènes volcaniques, et comme l'écorce a une épaisseur et une résistance très variables, il se produit des mouvements du sol, et la masse fluide se fait jour à travers les fissures avec de violentes explosions quand les gaz emprisonnés acquièrent une forte pression. A cause de l'énorme quantité de vapeur d'eau rejetée par les éruptions on a admis aussi l'intervention des eaux marines : les terrains volcaniques étant très fissurés, les eaux, qui sont à proximité, arrivent en contact avec les masses en fusion et se transforment brusquement en vapeur.

Les phénomènes thermiques se produisent dans les anciens centres volcaniques par suite des fissures qui mettent en communication la surface avec le noyau fluide.

Enfin les phénomènes sismiques résultent du refroidissement de ce noyau.

§ 2 _ Formation de l'écorce terrestre.

L'étude des agents internes a fait admettre l'existence
d'un noyau liquide à l'intérieur de la terre. On peut ex-
pliquer sa formation ainsi que celle de toute notre planète
suivant la théorie due à Laplace et acceptée aujourd'hui
par la grande majorité du monde savant.

A _ Hypothèse de Laplace.

Laplace a fait sortir toutes les planètes du soleil;
voici sa théorie. Le système planétaire gravitant autour
du soleil ne formait à l'origine avec cet astre, qu'une nébuleuse pareille à celles que les plus forts télescopes nous permettent encore d'observer dans le ciel.

Le refroidissement de la masse cosmique, qui formait
cette nébuleuse s'effectuant par suite du rayonnement inter-
sidéral, a eu pour résultat la concentration de la matière
et l'accélération du mouvement de giration dont elle était
animée. Ce sont là deux conséquences du principe de la
conservation de l'énergie. Les fragments dont la concentration
avait été la plus rapide se sont trouvés projetés loin du centre et ont donné naissance aux planètes.

Telle est, résumée en deux mots la théorie que
Laplace a émise pour la formation du système solaire.
Cette théorie explique la plupart des lois cosmographiques
concernant les trajectoires ou "orbites" des planètes et de
leurs satellites, ainsi que leur sens de rotation. Les exceptions
qui semblent se présenter, s'expliquent facilement en ac-
cord avec l'hypothèse émise.

B _ Formation de la terre.

La terre, comme toutes les planètes, a donc subi deux
phases de transformation: une première phase stellaire très

courte, pendant laquelle elle jouissait d'une lumière propre; une seconde phase planétaire dans laquelle elle s'est éteinte, puis solidifiée.

Noyau central.

La solidification a naturellement commencé par l'extérieur, en emprisonnant un noyau fluide. D'autre part, à l'époque où toute la masse était liquide, les matériaux qui la composaient ont pu se disposer par ordre de densité. Les matières les plus légères et en même temps les plus réfractaires montaient à la surface, tandis que les lourdes masses métalliques bien fusibles gagnaient le centre. Seuls quelques métaux facilement oxydables se mêlaient à l'écume silicense de la surface, semblables aux scories qui viennent nager à la partie supérieure d'un bain métallique. Ainsi s'expliquerait la forte densité du globe terrestre, comparée à celle des couches superficielles. Les calculs basés sur la déviation de la verticale dans le voisinage d'une montagne, ou sur la variation des oscillations du pendule dans un puits de mine prouvent que la densité de la terre est de 5,5 environ, Or, l'eau qui occupe la plus grande partie de la surface terrestre (les 4/5e environ) a une densité égale à l'unité, et celle de la plupart des roches connues varie entre 2 et 3, il faut donc que les parties voisines du centre aient une densité bien supérieure. La même remarque permet de donner une explication du magnétisme terrestre. L'analyse spectrale, en révélant le secret de la composition du soleil, semble prouver en même temps que les profondeurs terrestres ne contiennent pas de corps qui nous soient totalement inconnus. Le fer y joue probablement un rôle important, grâce auquel il peut manifester ses propriétés magnétiques.

Écorce terrestre. Terrains primitifs

L'atmosphère, composée des vapeurs de tous les corps aisément volatilisables et séparée du noyau interne par une couche de matériaux très mauvais conducteurs de la chaleur se résolvait en un liquide dont on imagine les effets corrosifs sur la pellicule solide. De plus au moment de la condensation des chlorures et des corps alcalins, toute l'eau des océans était encore à l'état gazeux, et rien que de ce fait, la pression atmosphérique était peut être 250 ou 300 fois plus forte qu'elle ne l'est actuellement, on conçoit dans ces conditions, l'importance de phénomènes analogues par leur essence aux phénomènes actuels.

De l'action cristalline due au refroidissement et de l'action de la pesanteur s'exerçant sur les particules arrachées par les érosions à la croûte solidifiée, il est résulté un terrain à la fois cristallin et stratiforme qui a reçu le nom de "terrain cristallophyllien" c'est le terrain primitif formé de "gneiss" et "micaschiste" Il contient tous les éléments dont est formée l'écorce terrestre; car il n'y est venu s'ajouter par la suite que la petite quantité de matières contenues dans l'atmosphère des premiers âges, en particulier le charbon, qui devait exister à cette époque à l'état d'oxyde de carbone. Quant aux venues éruptives, elles ont amené au jour, par les cassures de l'écorce, diverses roches dont la composition chimique est semblable à celle des terrains primitifs.

Sous l'influence d'agents ne différant de ceux qui viennent d'être étudiés au paragraphe 1 que par la puissance de leur action, tous ces matériaux, après divers remaniements, se sont superposés, en couches sensiblement horizontales, au moins lors de leur dépôt, et ont ainsi formé les terrains ou les "roches sédimentaires"

Par opposition, on appelle "roches ignées" les roches dues aux formations primitives ou venues postérieurement de la profondeur à travers les fractures de la croûte terrestre.

C. — Roches ignées.

Les roches sédimentaires provenant de la décomposition des roches ignées, il convient de parler d'abord de ces dernières.

La "silice" et "l'alumine" deux corps éminemment durs et réfractaires et d'une grande légèreté spécifique ont participé plus que tout autre à la formation de la croûte primitive.

Ces substances, fondues par leur combinaison avec les oxydes métalliques, ont cristallisé ensuite. Les oxydes qui dominent sont d'une part ceux des métaux alcalins et alcalino-terreux (potassium, sodium, calcium) et d'autre part ceux de fer et de magnésium.

Les roches tenant plus de 65 % de silice constituent le groupe des « roches acides » ou « légères » dont le type est le « granite » lequel contient trois minéraux principaux : le « quartz » formé de silice pure, le « feldspath » combinaison de silice et d'alumine avec des oxydes alcalins et alcalino-terreux, et le « mica » combinaison de silice et d'alumine avec des oxydes de fer ou de magnésium.

Les roches tenant moins de 65 % de silice forment le groupe des « roches basiques » ou « lourdes » comme la « syénite » qui est un granite sans quartz ou le « basalte ».

La « texture » c'est-à-dire le mode d'association des minéraux peut être entièrement cristalline comme dans le granite, ou la syénite, ou bien formée d'une pâte amorphe dans laquelle nagent des cristaux comme dans le « porphyre » ou dans le « basalte » ou enfin entièrement vitreuse comme dans les laves.

En résumé, l'instrument essentiel de la consolidation de l'écorce terrestre c'est la silice qui réfractaire et saturée d'oxygène, est remarquable par la stabilité de ces combinaisons. Un rôle analogue est joué dans le monde organique par le « carbone » élément constitutif de tous les corps vivants, mais qui, lui, se prête à des compositions et décompositions incessantes.

D.— Roches sédimentaires.

Alors que les roches ignées forment la partie principale de l'écorce terrestre, 95 % du poids total de celle-ci, les roches sédimentaires ne forment qu'une mince pellicule superficielle sur l'épaisseur de la croûte solide évaluée par certains géologues à 16 kilomètres.

Les terrains sédimentaires se sont généralement déposés en « strates » horizontales. Quelques sédiments se forment en strates inclinées, comme les cônes de déjection des torrents. Mais le plus souvent quand on trouve les strates redressées, dérangées c'est qu'il y a eu des mouvements du sol postérieurs à la sédimentation.

Les roches sédimentaires peuvent contenir les trois minéraux suivants : le "quartz" dont nous avons déjà parlé; l'"argile" ou silicate d'alumine hydraté mélangé d'impuretés; le "calcaire" ou carbonate de calcium. Les formations sédimentaires sont dues à trois sortes de dépôts: "détritiques" "chimiques" ou "organiques".

Dépôts détritiques

Ils résultent de l'action de l'atmosphère et des autres agents d'érosion sur les roches préexistantes. S'ils sont formés de grains discernables ce sont les "dépôts arénacés" restés à l'état meuble, ils comprennent les blocs erratiques, galets, graviers, sables; mais quand ils sont devenus agglomérés ils forment les "conglomérats" "poudingues" et "grès".

Les dépôts détritiques tenus longtemps en suspension par les eaux ne forment plus qu'une poussière impalpable, ce sont les "dépôts argileux" comme le "limon" ou les "argiles compactes" et les "marnes"; en se transformant ils deviennent feuilletés, schisteux et donnent les "ardoises."

Dépôts chimiques.

Les dépôts dont l'origine est uniquement due à un phénomène chimique occupent un espace moins important que les autres.

Ainsi les "meulières", le "sel gemme", le "gypse" formé par la réaction de vapeurs sulfureuses sur le calcaire, les "dépôts de soufre" et les "nodules de fer carbonaté" du terrain houiller ainsi que les "calcaires oolithiques"

Dépôts organiques.

La plus grande partie des calcaires a été ainsi formée: ce sont des débris de "foraminifères" comme la "craie"; ou de "polypiers" comme le "calcaire corallien" dont nous avons déjà parlé. Le "tripoli" est formé par des débris d'algues siliceuses. Les "phosphates de chaux" sédimentaires formés par des os de vertébrés.

Enfin, la "tourbe", le "lignite", la "houille", l'"anthracite" sont dus à des débris de plantes. Les "schistes bitumineux" sont des produits de décomposition animale.

§ 3 — Stratigraphie.

L'objet de la "stratigraphie" ou de la géologie proprement dite est de déterminer l'âge relatif des formations géologiques. Cette détermination se fait de la façon suivante, au moyen de certaines règles que voici :

A. Principes de la chronologie géologique.

L'âge des terrains sédimentaires se détermine par l'étude de la façon dont ils se sont déposés et par la considération des "fossiles" que l'on y rencontre. L'âge des terrains éruptifs se déduit de celui des terrains sédimentaires.

Étude des dépôts

En vertu du "principe de superposition" dans les terrains "stratifiés" formés de couches superposées, une couche est plus récente qu'une autre qu'elle recouvre, sauf dans le cas de "renversement".

Le déplacement des mers, répété dans le cours des âges a laissé à découvert beaucoup de sédiments marins incorporés aux continents. On trouve beaucoup de formations continentales lagunaires. Chaque étage constitue donc une phase de la terre ; le rôle du géologue est de se rendre compte du climat, de la géographie, de la vie à chaque époque correspondante. Mais l'expérience montre qu'en certains points d'une région la sédimentation peut avoir été interrompue ; en chacun de ces points il y a une "lacune", et, dans l'intervalle de temps qui lui correspond, des sédiments se sont formés ailleurs. Ces lacunes se manifestent par les "discordances de stratification" ; quand des couches horizontales ou peu inclinées

"roches cristallophylliennes" qui constituent le terrain primitif.

a _ Terrain primitif

Le terrain primitif ou cristallophyllien forme le "substratum" constant des dépôts sédimentaires, il se présente dans tout le globe avec les mêmes caractères. Ses éléments sont cristallins et stratifiés. Il ne renferme point de restes organiques.

Il comprend deux étages principaux: l'étage du "gneiss", le gneiss est composé des mêmes éléments que le granite, mais il s'en distingue par l'orientation des lamelles de mica en lits parallèles et par l'allongement des grains de quartz, ce qui le rend schisteux et fissile.

l'étage des "micaschistes" superposé au premier et formé de quartz et de mica, d'allure plus feuilleté.

L'épaisseur de ce terrain peut atteindre 8 à 10 kilomètres. Sous lui on trouve partout et avec passage graduel, le granite.

b. _ Ere précambrienne

Elle a été reconnue par des travaux assez récents en Amérique surtout, qui ont mis à découvert des terrains s'enfonçant sous les premiers terrains de l'ère primaire, et en discordance avec eux. Ce sont des schistes, grès et conglomérats. On y trouve quelques débris d'organismes mais pas de plantes.

c. _ Ere primaire ou paléozoïque

L'ère primaire a été marquée par de grands mouvements de dislocation et de nombreux phénomènes éruptifs.

La faune comprend:
comme vertébrés des "poissons ganoïdes" couverts de grosses écailles;
parmi les invertébrés surtout les "trilobites" petits crustacés dont le corps est divisé longitudinalement en trois lobes. (fig. 8)

La flore est formée de cryptogames.

d. — Ère secondaire ou mésozoïque

L'activité interne est nulle, sauf quelques éruptions au début ; il se produit seulement des affaissements ou des exhaussements lents. Cette ère de tranquillité est caractérisée par la puissance des masses calcaires.

La faune comprend :
parmi les vertébrés beaucoup de reptiles, des poissons, et vers la fin les premiers oiseaux et les premiers mammifères inférieurs ;
parmi les invertébrés les "ammonites" (fig. 9) et les "bélemnites" (fig. 10) mollusques céphalopodes qui règnent dans toutes les mers ainsi que les polypiers.

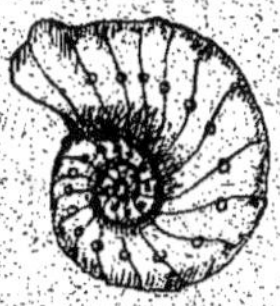

La flore comprend des phanérogames gymnospermes.

e. — Ère tertiaire ou néozoïque

Elle est marquée par une différenciation dans les climats jusqu'alors uniformes. La mer est rejetée dans ses limites actuelles ; c'est l'ère continentale. Les mouvements de dislocation sont importants ; de nombreuses montagnes comme les Alpes et les Pyrénées, achèvent de se former.

L'activité interne se manifeste avec puissance.

La faune comprend :
pour les vertébrés le grand développement des mammifères supérieurs ;
pour les invertébrés, celui des mollusques gastéropodes comme les "cérithes" à la place des ammonites disparues (fig. 11) et celui des foraminifères comme les "nummulites" (fig. 12) à

la place des polypiers.

Dans la flore les phanérogames angiospermes prédominent.

f _ Ere quaternaire

Les continents ont à peu près les formes actuelles.

Au début la température s'est refroidie, de nombreuses pluies ont provoqué des phénomènes d'érosion et d'alluvionnement et les glaciers ont fait deux invasions successives, dans le Nord et le Centre de l'Europe. Ensuite la température s'est radoucie, le régime actuel s'est établi.

La faune est caractérisée d'abord par le "Mammouth éléphant à crinière puis par "l'apparition de l'homme".

C _ Tableau résumé de la chronologie géologique.

Terrain igné	Granite	
Terrain primitif	Gneiss Micaschistes	
Ere précambrienne	Archéen Algonkien	Quelques débris d'animaux
Ere primaire ou paléozoïque	Cambrien Silurien Dévonien Carbonifère Permien	règne des trilobites, des poissons des cryptogames éruptions
Ere secondaire ou mésozoïque	Trias Jurassique Crétacé	reptiles, ammonites, bélemnites, gymnospermes pas d'éruptions
Ere tertiaire ou néozoïque	Eocène Oligocène Miocène Pliocène	mammifères, cérithes, nummulites, angiospermes éruptions
Ere quaternaire	Quaternaire ancien Pléistocène Quaternaire actuel	mammouth, homme, flore et faune actuelles invasions glaciaires

Chapitre II.

Gîtes minéraux.

A — Généralités.

On donne le nom de "gîtes" ou de "gisements" aux dépôts de matières utilisables que renferme l'écorce terrestre.

Suivant la nature de leur gisement les gîtes minéraux portent le nom de "couches" ou de "filons".

Les couches sont d'origine sédimentaire. Les filons sont d'origine volcanique ou thermique.

On appelle "affleurements" les portions des gîtes minéraux couches ou filons qui apparaissent à la surface du sol, quelquefois au milieu de roches formant pointement dans une plaine, le plus souvent plutôt dans un fossé, au fond d'une tranchée, sur la rive d'un fleuve, d'un lac ou d'une mer, partout enfin où a été faite naturellement ou artificiellement une ouverture à travers les formations géologiques d'une contrée. La science du "prospecteur de mines" consiste à bien reconnaître les affleurements et à les suivre aussi loin et aussi longtemps que possible. Dans le cas de gîtes métalliques l'affleurement est caractérisé par le "chapeau de fer". Le nom vient de ce fait que, par l'action des agents atmosphériques il y a eu oxydation du minerai et, comme le fer est toujours mélangé aux autres métaux, l'oxyde de fer est celui qui se reconnaît le plus aisément à sa couleur et dont les pointements subsistent le mieux après les érosions en raison de sa dureté.

La "direction" est l'angle que fait le gîte avec la ligne Nord Sud magnétique, soit aux affleurements, soit à l'intersection d'un plan horizontal avec le plan du gîte.

L'"inclinaison" ou le "pendage" est l'angle que fait

avec l'horizontale la ligne de plus grande pente d'une couche ou d'un filon.

La "puissance" c'est l'épaisseur du gîte mesurée normalement à son plan

Les "épontes" sont les terrains qui enserrent le gîte et à l'intérieur desquels la formation minérale a pris naissance. L'une est le "mur", c'est le terrain sur lequel on marche quand on suit la ligne de plus grande pente du gîte. L'autre est le "toit"

On appelle "voisin" un gîte parallèle au gîte principal et qui indique au mineur l'existence de celui-ci. Ce peut-être un minerai ou une simple roche stérile.

B _ Gîtes sédimentaires. Couches.

Nature:

Nous avons vu que les matériaux composant les terrains sédimentaires sont en grande partie des débris de terrains primitifs, des débris organiques ou des précipités chimiques. Ils se sont déposés sous l'action de la pesanteur en couches ordinairement horizontales. Si plusieurs couches superposées sont parallèles entre elles on la dit en "stratification concordante"; lorsqu'un ensemble de couches vient se placer obliquement sur une autre couche, on dit qu'il y a "stratification discordante" (fig. 13.)

On donne plus spécialement le nom de "couche" au dépôt de matière minérale que l'on veut exploiter. Les épontes entre lesquelles la couche est comprise constituent le "stérile". Souvent, dans le cas de la houille par exemple, on rencontre des lits réguliers de stérile intercalés au milieu de la couche, ce sont des schistes noirâtres d'où le nom de "noireux".

D'une façon générale toutes les couches stériles, qu'il faut traverser avant d'arriver à la couche, portent le nom de "morts terrains"

Accidents des couches

Ce sont les plissements et les fractures.

Sous l'influence des mouvements du sol postérieurs à leur formation et suivant les dispositions des terrains de base les couches peuvent présenter des plis de différentes formes. Les principales dispositions sont :

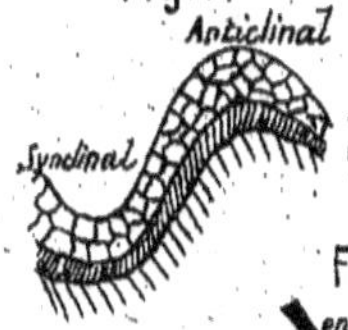

Le pli "anticlinal" tel que la matière déposée se dresse verticalement pour descendre ensuite en sens inverse et reprendre sa première position horizontale ; il y a en général épaississement de la couche dans la région du pli ; si ce fait ne se produit pas l'anticlinal est appelé "selle"

Le pli "synclinal" est l'inverse de l'anticlinal ; quand la surépaisseur n'existe pas on l'appelle "fond de bateau" (fig. 14) si les deux côtés du pli n'ont pas la même inclinaison on l'appelle "ennoyage" dans ce cas il y a toujours surépaisseur (fig. 15)

Fig.14 — Anticlinal — Synclinal

Fig.15 — ennoyage — crochon

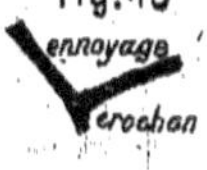

Fig.16 — faille

Fig.17 — faille directe

Fig.18 — faille inverse

Lorsque dans une fracture, le mouvement géologique a produit le glissement d'un des côtés du plan de séparation par rapport à l'autre, la déchirure porte le nom de "faille" (fig. 16). La faille est "directe" si le déplacement se fait au toit, c'est-à-dire a relevé la couche par rapport à la position qu'elle occupait (fig. 17.) La faille est "inverse" dans le cas contraire (fig. 18.) Certaines failles peuvent comporter des déplacements de plusieurs centaines de mètres. Si le déplacement est faible on l'appel "rejet"

On appelle "crochon" les plissements d'une couche se produisant près d'une faille (fig 19) ou aux extrémités du pli anticlinal ou synclinal ordinaire (fig. 20 page 36) ou d'un ennoyage

Fig.19

Fig. 20

Fig. 21

(fig. 15). Le crochon est toujours caractérisé par un épaississement local de la couche.

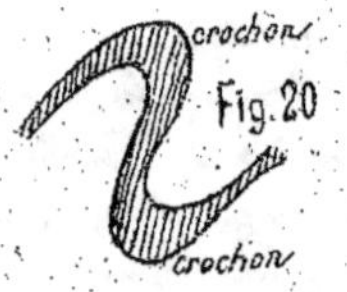

Allures des couches.

Au point de vue de la disposition du gisement, le gîte peut être en "plateur" Ce terme s'applique à toute partie où la substance utile est restée dans les conditions primitives de son dépôt c'est-à-dire qu'en montant dans le gisement suivant une ligne de plus grande pente on marche les pieds sur le mur et la tête sous le toit; en général le plateur est de faible inclinaison ce qui lui a valu son nom. Le gîte peut être en "dressant" c'est la disposition inverse on trouve le toit au mur et le mur au toit (fig. 21). L'inclinaison peut être quelconque, mais pratiquement elle est toujours grande, d'où le nom. Par corruption on applique le nom de dressant à des plateurs très inclinés. Si l'inclinaison est intermédiaire entre la verticale et l'horizontale, soit de 45° à 50° on appelle "demi-pendage".

Au point de vue de la puissance les différentes couches varient beaucoup. Quand l'épaisseur atteint 20 ou 25 mètres on désigne plutôt la couche sous le nom d'"amas"; il arrive que l'amas est limité dans sa longueur ou sa hauteur, tandis que la couche est illimitée en longueur et hauteur. Au-dessous de 60 centimètres la couche est en général inexploitable et porte le nom de "veinule" ou "passée" Lorsque les épontes se rapprochent au point de rétrécir considérablement la couche on dit qu'il y a "serrage". Si le minerai disparaît complètement et est remplacé par du stérile, bien que les épontes n'aient pas été bouleversées, on a alors un "cran".

C. _ Gîtes filoniens.

Nature

Le terme de "filon" sert à désigner les gîtes minéraux

qui ont été formés par éruption volcanique ou par la venue d'eaux thermales. Ils apparaissent au milieu de terrains sédimentaires soulevés ou fissurés. Ce sont généralement des pointements de peu d'épaisseur qui s'enfoncent sous la croûte terrestre.

Les cassures ou fentes, traversant l'écorce terrestre, se sont remplies de substances diverses. (fig. 22) Quand ces substances peuvent fournir des métaux, les filons sont dits "métallifères".

Les matières métalliques ont été apportées avec les masses liquides injectées, ou bien ont été déposées, par voie de sublimation, par les vapeurs émanées de ces masses; d'autre part les eaux d'infiltration venant de la surface et s'étant échauffées ont déterminé dans ces fentes des phénomènes divers, dissolutions, concrétions, cristallisations.

Là où l'air extérieur n'a pas eu accès il s'est formé surtout des sulfures métalliques. La partie supérieure, a été, au contraire, notablement oxydée par l'air apporté par les eaux de la surface.

On désigne sous le nom de "teneur" la proportion du métal contenu dans un minerai. La "gangue" est la matière stérile qui se trouve mélangée à une venue métallifère et qui s'y présente soit en amas, soit en lits nettement stratifiés. On l'appelle aussi "remplissage"; il est plus ou moins caractéristique pour chaque espèce de minerai; il peut être constitué par un autre minerai présentant une valeur moindre que le minerai principal. Si c'est du stérile disposé en lits entre les épontes et le minerai on l'appelle "salbande".

Accidents des filons.

La puissance des filons est très variables; elle peut n'être que de quelques centimètres; elle varie aussi dans un même filon, les "filons en chapelet" présentent une série de renflements et d'étranglements (fig. 23 p. 37)

Un filon qui vient en rencontrer un autre en le traversant ou non est dit « croiseur »; de ce fait il engendre une « colonne riche » c'est-à-dire une partie où la teneur est plus élevée.

On appelle « stockwerk » la réunion de plusieurs filons qui convergent ou se ramifient dans des directions très différentes.

Allures des filons.

Au point de vue de l'inclinaison, les filons sont (fig. 22 p. 37) en général très redressés et voisins de la verticale, de sorte qu'ils traversent obliquement les terrains sédimentaires où ils sont enclavés. Mais parfois ils suivent des strates de terrains sédimentaires friables, au travers desquels ils ont pu se faire jour plus facilement qu'en brisant les couches voisines plus résistantes; ils sont dus alors à des infiltrations d'eaux thermales et sont contemporains des dépôts voisins; dans ce cas on les appelle « filons-couches » (fig. 24)

Fig. 24

Au point de vue de la disposition, les filons métallifères sont de deux sortes. Les « filons injectés » qui sont formés de substances métalliques préexistant dans la masse même de la roche et s'en sont séparés au moment où les éléments ont cristallisé. Le minerai y existe en veinules qui s'entre-croisent, ou bien s'y trouve concentré en amas (fig. 25). Les « filons concrétionnés » sont les plus nombreux, ils occupent des fentes bien définies et régulières dont l'épaisseur moyenne est de 3 mètres environ; les gangues et minerais qui les constituent sont disposés en bandes parallèles aux parois et symétriquement à partir du toit et du mur par rapport à la ligne média-ne. Ces substances sont à l'état concrétion-

Fig. 25

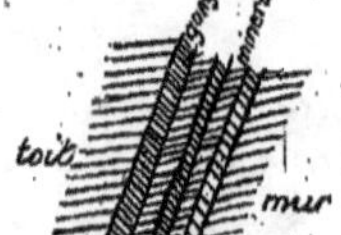

Fig. 26

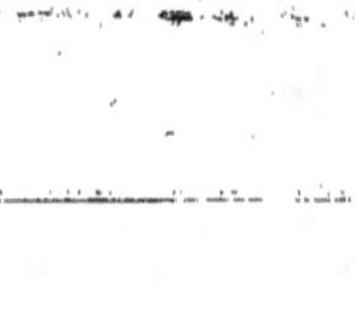

toit — mur — gangue — minerai

né, sauf dans les cavités dites " géodes " où elles sont à l'état
cristallisé (fig 26 page 38.)

Chapitre III.

Situation des exploitations minérales.

A _ Régime légal des Mines.

Les mines sont en France et en Belgique, en vertu
de la loi du 21 Avril 1810 qui les a régies jusqu'à ce jour :
"une propriété perpétuelle, disponible et transmissible comme tous
"autres biens, et dont on ne peut être exproprié que dans les cas et
"selon les formes prescrites pour les autres propriétés"

Une seule limitation, motivée par la nécessité technique
du bon aménagement des gîtes, est apportée aux conditions de
transmissibilité ; la concession ne peut être divisée sans autorisation spéciale.

Le titre constitutif de cette propriété est désigné sous le
nom d' "acte de concession". Par cet acte, le Gouvernement délimi-
te cette propriété nouvelle dans les conditions qui lui paraissent
les plus avantageuses pour une facile et économique mise en
valeur ; il attribue cette propriété à la personne ou à la Société
qui justifie le mieux des facultés nécessaires pour entreprendre et
conduire les travaux ; il juge souverainement des motifs ou
considérations d'après lesquels la concession doit être accordée
à l'un des demandeurs plutôt qu'aux autres ; il purge en
faveur du concessionnaire, tous les droits des propriétaires de la

surface et des inventaires, et fixe les impôts spéciaux que le nouveau propriétaire, sous le nom de "redevance", devra payer au gouvernement en raison de cette propriété nouvelle et des produits qu'elle fournit.

La propriété des mines étant assimilée complètement à celle des autres biens, il en résulte une garantie absolue aux capitaux nécessaires à la mise en valeur des richesses minérales, capitaux dont la rémunération est souvent incertaine et, en tous cas, toujours lointaine. Ces capitaux sont souvent considérables, puisqu'on estime aujourd'hui qu'il faut dépenser en France de 3 à 4 millions de francs pour créer une exploitation de 100.000 tonnes de houille.

Un article de la loi de 1810 donne au Ministre des Travaux Publics (actuellement au Ministre de la Reconstitution Industrielle) le droit de "pourvoir ainsi qu'il appartiendra, si l'exploitation est restreinte ou suspendue de manière à inquiéter la sûreté publique ou les besoins des consommateurs". C'est pourquoi le Gouvernement a inséré généralement dans les actes de concession un article qui donne au Préfet le droit de mettre le concessionnaire non exploitant en demeure d'avoir à reprendre les travaux et l'autorise au besoin à proposer la révocation de la concession. Mais en pratique, le nombre des concessionnaires pour lesquels la déchéance a été prononcée est insignifiant; et quand le fait s'est produit il s'agissait de concessions inexploitées parce que ne contenant que des gisements sans importance, sans régularité, et ne donnant que des produits de peu de valeur.

La loi de 1810, tout en consacrant la stabilité de la propriété minière, a laissé cependant à l'État des droits très étendus pour ce qui touche la sécurité des personnes, en établissant le contrôle et la surveillance par l'Administration. De même que les établissements réputés insalubres ou incommodes sont soumis à certaines conditions spéciales quant à la disposition de certains locaux et appareils et à l'emploi du personnel ouvrier, de même les mines doivent, à ces divers points de vue, remplir certaines conditions, mais cette réglementation spéciale, motivée par la préoccupation de la sécurité du personnel ouvrier et des voisins du fond et de la surface ne saurait faire considérer la propriété minière comme une licence d'exploitation toujours révisable, alors qu'elle est analogue aux autres biens, grevée simplement de certaines servitudes.

B.— Organisation administrative.

La France est divisée en cinq grands districts minéralogiques ou "divisions" qui se subdivisent en 16 "arrondissements" et 36 "sous-arrondissements".

Le Service des Mines, minières et carrières dépendait avant la guerre du Ministère des Travaux Publics.

Toutes les questions techniques (institutions de concessions, inspections, etc...) sont soumises au "Conseil Général des Mines" à Paris, composé de 3 "Inspecteurs généraux de 1re classe" et de 6 "Inspecteurs généraux de 2ème classe".

À la tête de chaque division minéralogique se trouve un "Inspecteur général". Chaque arrondissement a à sa tête un "Ingénieur en Chef" et chaque sous-arrondissement un "Ingénieur ordinaire des mines" lequel est assisté de un ou plusieurs "Contrôleurs".

Chapitre IV.

Plan des opérations minières.

La question qui se pose pour toute personne qui s'occupe de la mise en valeur d'une gîte minéral est la suivante :

Le gisement d'une matière quelconque étant indiqué peut-on l'exploiter et dans l'affirmative quelles sont les différentes opérations à effectuer ?

Il y a donc pour toute mine deux séries d'opérations

différentes : la "recherche et l'étude du gisement" d'une part et
"l'exploitation proprement dite" d'autre part.

A _ Recherche et étude d'un gisement.

Cette première série d'opérations constitue la science du
"prospecteur" de mines. Le prospecteur est chargé d'étudier une
contrée encore vierge ou d'étudier un gisement déjà découvert.

Il doit commencer par recueillir tous les renseignements
techniques, économiques, climatériques sur la région où doit se
faire le voyage d'études. Puis il étudiera la géologie générale
du pays à parcourir, la géologie spéciale du gisement considéré. Enfin il préparera le matériel à emporter au point de vue des
travaux de recherches à effectuer, des essais et analyses à faire sur
place.

Une fois à destination il exécutera ces travaux de recherches ou "sondages". Le résultat qu'ils donneront, associé aux
considérations économiques lui permettront de décider si le gisement peut et vaut d'être exploité.

B _ Exploitation d'un gisement

Cette exploitation comprend toute une série d'opérations
qui constituent la science de "l'Ingénieur des Mines" et que
l'on peut classer en trois catégories distinctes :

1°. _ Mise en exploitation.

Dans toute exploitation minière il est sage, avant de
commencer le dépouillement du gîte de faire des travaux d'a-
ménagement, de préparer autant que possible l'avenir. Les
recherches faites pour la reconnaissance du gisement ont
bien ébauché la chose ; mais il est bon de pousser plus loin
les travaux de reconnaissance et de compléter les renseignements qu'ont donnés les prospections. Les travaux faits
dans cet ordre d'idées s'appellent "travaux préparatoires"
ils facilitent la mise en exploitation. Ils consistent dans
l'ouverture de puits et galeries qui mettent en communication
le gisement avec la surface du sol.

Ces travaux terminés, il faut songer à la façon dont
on enlèvera le minerai ; c'est là ce qui constitue la "méthode

« d'exploitation »

2° - Extraction du minerai.

Il faut abattre le minerai, le transporter dans la mine et le monter à la surface.

3° - Services généraux d'une exploitation.

Ils comprennent l'aérage, l'éclairage, l'enlèvement des eaux et les installations de la surface, ainsi que les mesures prises pour lutter contre les accidents, et assurer le respect du règlement sur l'exploitation des mines.

Ce sont là les divers chapitres que nous allons passer en revue et dans l'ordre que nous indiquons, qui est celui suivi chronologiquement dans toute exploitation minérale.

Chapitre V.

Sondages.

A - Principe.

Le principe du « sondage » consiste à pratiquer à travers l'écorce terrestre un trou de faible diamètre afin d'opérer rapidement une coupe géologique des terrains ou de reconnaître une substance minérale à des profondeurs souvent considérables. Le diamètre d'un trou de sonde varie de 10 à 30 centimètres. On l'a porté accidentellement à 1 mètre. Quant à la longueur des plus grands sondages elle peut atteindre aisément 1200 et 1500 mètres. Le sondage de Paruschowitz a même atteint la profondeur de 2.003^{m}34. Les constructeurs américains sont généralement bien outillés

Fig.27

Fig.28

Fig.29

pour de telles profondeurs.

Extérieurement tout sondage comporte un « pylône », c'est un chevalet en bois ou en fer. Ce pylône permet de disposer d'une hauteur suffisante pour dévisser ou visser les unes aux autres les tiges qui surmontent l'appareil d'attaque du terrain, et retirer ou redescendre dans le trou de sonde l'outil perforateur des terrains à traverser.

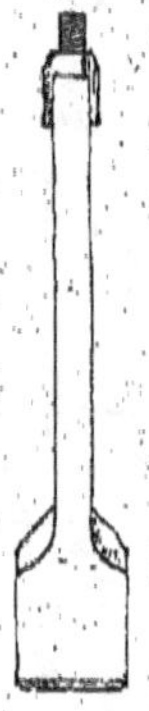

Cet outil peut agir de deux manières :

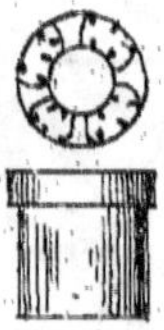

1° - Par « battage » c'est-à-dire par coups verticaux donnés successivement sur la roche suivant les diamètres de la circonférence du trou de sonde. L'outil d'attaque sera le « trépan » (fig. 27)

2° - Par « rodage » c'est-à-dire par usure du terrain résultant d'un mouvement circulaire de l'outil. L'outil d'attaque sera alors la « couronne à diamants » (fig. 28)

Mais l'outil ne pourra pas indéfiniment travailler. Au bout d'un certain temps, le trou de sonde sera rempli de poussières ou plutôt d'une bouillie (car il y a toujours de l'eau) qui empêchera l'outil perforateur de fonctionner. Il faut alors nettoyer le trou de sonde. On le fait de deux façons :

1° - Par l'emploi de la « cuiller » ou cloche à soupape ou à boulet (fig. 29) C'est un cylindre de tôle dont on soulève la soupape ou le boulet placé à la partie inférieure pour y faire entrer les boues du trou de sonde en « sonnant » l'appareil de haut en bas. On sonne deux ou trois coups, on remonte la cuiller pour la vider, puis on redescend pour sonner de nouveau jusqu'à ce que les eaux remontées par l'appareil soient suffisamment claires.

2° — On peut remonter d'une manière continue les boues produites par l'appareil d'attaque à l'aide d'un courant d'eau qui est injecté par l'intérieur des tiges de sondage au moyen d'une pompe. Les boues reviennent à l'extérieur des tiges sous l'action de la pression donnée par la pompe.

B. — Systèmes de sondage.

Les divers systèmes que nous énumérerons brièvement sont au nombre de cinq. Nous en verrons les particularités au paragraphe suivant sur la conduite du sondage.

1° — Sondage à la corde.

C'est le premier type le plus ancien de tous, il s'installe à peu de frais; il comporte des organes simples et permet cependant d'atteindre de grandes profondeurs.

2° — Sondage canadien.

Il est aussi d'installation facile; comme matière première il n'utilise que le bois; applicable donc dans les pays neufs.

3° — Sondage à tiges pleines en fer.

Qui peut fonctionner avec ou sans "outil à chute libre". Pour de faibles profondeurs, on laisse tomber tout d'une pièce l'appareil de sonde. Souvent alors on emploie uniquement la force humaine. Mais pour de grandes profondeurs les tiges pourraient se voiler, si un poids trop considérable venait frapper au fond du trou de sonde. On fait alors tomber le trépan seul et l'on adopte comme joint élastique avec l'appareil de battage une "coulisse" qui peut être de divers modèles. Dans ce cas la conduite du sondage se fait au moteur.

4° — Sondage à tiges creuses en fer avec circulation d'eau.

Il peut emprunter aussi l'aide du joint à chute libre, ou bien comme dans le système "Raky" la coulisse qui n'est jamais étanche et laisse perdre une certaine quantité de l'eau injectée, est supprimée par l'interposition de ressorts.

5º Sondage à tiges creuses en fer avec couronne à diamants.

C'est le dernier représentant des systèmes de sondage actuellement employés. Il descend à plus de 100 ou 150 mètres à la main. Avec un moteur de faible force on atteint facilement 1000 mètres. C'est le seul appareil qui opère constamment par rodage.

C — Conduite d'un sondage

Avant de commencer un sondage, on fait un "avant-puits" de quelques mètres, ce qui permet d'avoir la largeur nécessaire pour placer sous le pylône l'appareil d'attaque du terrain. Dans cet avant-puits on fixe solidement un tube ayant le diamètre du trou de sonde et devant servir de guide vertical pour empêcher toute déviation du sondage.

Manœuvre.

La "manœuvre" consiste à remonter ou à redescendre dans le trou de sonde les tiges et le trépan ou la couronne à diamants. A cet effet on fait usage d'un treuil avec câble métallique. Le câble vient saisir l'extrémité des tiges par l'outil appelé "pied de bœuf" (fig. 30). Quand une ou plusieurs tiges ont été remontées, on reçoit l'extrémité inférieure de ces tiges sur le plancher de manœuvre à l'aide de la "clef de retenue" (fig. 31) et on dévisse ou revisse les tiges au moyen du "tourne à gauche" (fig. 32). Cette

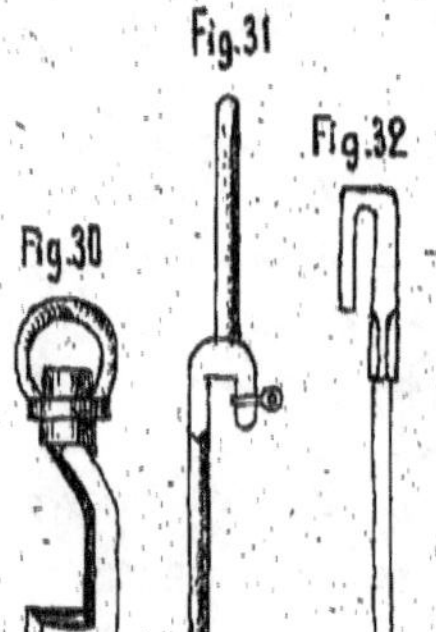

opération est forcément assez longue, quand la profondeur du sondage devient considérable, il faut compter un minimum de 2 heures pour remonter 500 mètres de tiges, changer l'outil d'attaque et redescendre ces tiges.

Le nettoyage se fait aussi avec le treuil de manœuvre.

Mais on attache directement la cuiller à l'extrémité d'un câble; comme on doit descendre cette cuiller plusieurs fois on évite des pertes de temps en la suspendant à un câble au lieu de la visser à l'extrémité des tiges.

Avancement.

L'avancement de l'outil d'attaque varie avec les divers systèmes que nous avons cités. Mais le principe est toujours le même; il consiste à descendre d'une fraction de longueur de tige pour permettre l'interposition de "rallonges" ou de courtes tiges. Après la pose de 3 ou 4 rallonges on peut visser une tige.

Dans le sondage à la corde, on emploie une vis qui descend à mesure que le trépan pénètre dans le terrain. La course de la vis est de 1m25. Quand l'appareil est à fond de course, on ramène la vis à sa position initiale et on allonge d'autant la corde.

Dans le sondage canadien la vis est remplacée par une chaîne... retenue par une roue à rochet et un cliquet; en agissant sur ce cliquet on fait descendre d'un ou plusieurs maillons.

Dans le sondage à tiges pleines en fer, on a également une tête de sonde à vis, que l'on fait descendre progressivement en maintenant une hauteur de frappe variant avec la nature des terrains; on approfondit ainsi de 0m50 et on place les rallon-ges.

Dans le sondage "Raky" l'avancement est continu, et sans qu'on ait besoin de rallonges. A cet effet la tige est enchâssée entre 2 colliers superposés que l'on peut serrer contre la tige par une manette. Entre les deux colliers se trouvent quatre ressorts formant joint élastique et dont le jeu de 15 millimètres correspond à la quantité dont on laisse descendre la tige quand on lâche la manette de serrage.

Dans le sondage au diamant système allemand les couronnes sont de grand diamètre; c'est un câble qui permet la descente progressive de l'appareil de sonde et qui sert à la manœuvre; on équilibre son mouvement à l'aide d'un contrepoids, dont on règle l'avancement de diverses manières suivant les appareils.

Dans le sondage au diamant système américain, la descente de l'appareil de sonde est réalisée par un embrayage à engrenages ou par un dispositif à pression hydraulique. La commande par engrenages, qui convient surtout pour les faibles profondeurs, transmet le mouvement de rotation du moteur, soit à une vis différentielle qui donne l'avancement tant que la résistance du terrain n'est pas trop forte, soit à un second engrenage, fou jusqu'alors, qui donne la rotation sans avancement et qui entre en jeu au moment où la vis différentielle se débraie automatiquement en rencontrant une trop grande résistance. La résistance qui produit le débrayage est réglable suivant la dureté de la roche. Quand la profondeur devient notable il est encore plus nécessaire de faire varier la vitesse d'avancement en proportion de celle de rotation; on augmente alors le nombre des engrenages, et l'on embraie les uns ou les autres suivant les vitesses à réaliser. La commande par pression hydraulique est préférable car elle allie l'élasticité à la puissance de l'effort. Le manchon qui constitue la tête de l'appareil de sonde est relié à un piston qui reçoit de l'eau sous pression au moyen de clapets tantôt dans un sens, tantôt dans l'autre, afin d'appuyer sur les tiges ou de les soulever un peu.

Tubage:

Il est souvent nécessaire de consolider les parois du trou de sonde au moyen de tubes. Cette opération du tubage est toujours nécessaire pour les sondages qui précèdent le procédé de fonçage des puits par congélation comme nous le verrons dans le chapitre suivant.

Les tubes se font en tôle assez mince de fer ou d'acier très doux. La longueur est de 2 à 3 mètres; l'épaisseur varie suivant le diamètre et la profondeur du trou de sonde de 2 à 10 millimètres. L'assemblage des tubes est établi comme celui des tiges creuses à circulation d'eau. Quand l'étanchéité doit être plus grande on renforce le joint par un manchon fixé par des rivets, mais la pose de ces rivets est délicate.

La descente du tubage, pour les trous de sonde de petit diamètre, se fait aisément par la pesanteur. Avec les grands diamètres, il faut retenir la colonne de tubes; on emploie pour cela des colliers avec lesquels on forme frein, ou bien on engage la tête du tubage dans un manchon qui, par frottement, diminue la vitesse de chute.

Même avec les petits diamètres, il arrive, qu'à un moment donné, la colonne de tubes aura tendance à se coincer. On force alors la descente en frappant sur la tête du tubage avec un tampon en bois ou en fonte; dans le cas du sondage à la corde ce procédé sera appliqué même au fond du trou de sonde: on descendra le tube et on l'enfoncera avec un mouton suspendu au câble en lieu et place du trépan.

L'opération du tubage nécessite l'emploi de certains outils. C'est, d'abord "l'élargisseur" cet appareil sert à couper la roche au dessous du dernier tube. Il se compose de deux ciseaux qui rabattent suivant un diamètre; pour ouvrir les ciseaux, on tire sur la cordelette; pour les refermer on sonne avec un mouton qui se trouve suspendu au-dessus de l'appareil embrassant les ciseaux. On se sert d'un outil analogue pour les prises de "carotte" c'est-à-dire les prises d'échantillons du terrain traversé au cours du sondage. Il faut citer encore le crochet "arrache-tubes" conçu sur le même principe (fig. 33) et le "coupe-tubes" (fig. 34) dont les burins font saillie en tournant dans un sens, tandis qu'ils s'effacent naturellement en tournant en sens inverse.

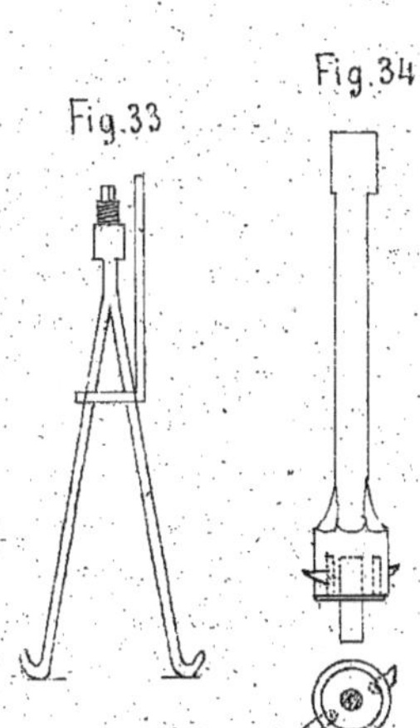

La descente du tubage est d'autant plus facile que le trou de

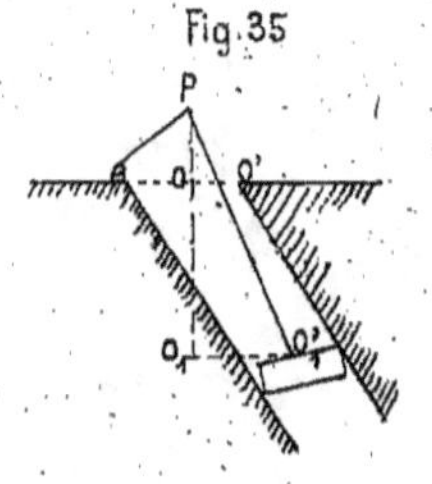
Fig. 35

sonde est parfaitement vertical. On
reconnaît la verticalité en employant
un fil d'acier O'O', à l'extrémité duquel se trouve un tampon de bois
dont le diamètre est voisin de celui
du trou de sonde. Le fil passe sur
une poulie P dans l'axe du trou.
Si le trou est vertical le fil doit rencontrer le plancher de l'orifice en
O, sur la verticale de P. Si le trou
est dévié le fil passe en O' et la
déviation est mesurée par la longueur O, O', (fig. 35) que l'on peut
calculer connaissant la distance
OO' qu'il suffit de mesurer sur le
plancher de l'orifice du trou de sonde.

Accidents de sondage.

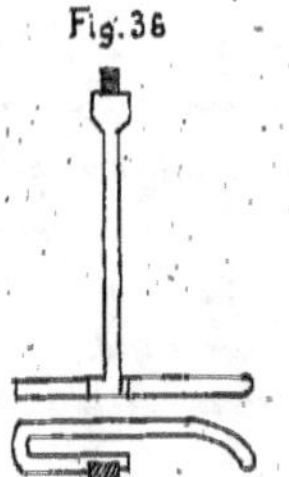
Fig. 36

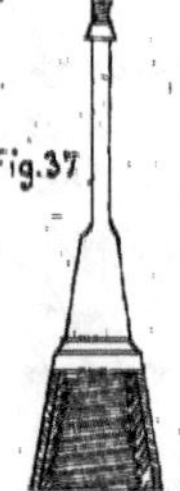
Fig. 37

Quel que soit le soin apporté
à la bonne conduite d'un sondage,
les accidents sont malheureusement
assez fréquents et susceptibles parfois de compromettre l'issue de l'opération. Les plus courants sont la
rupture d'un trépan ou d'une tige,
le coincement de la sonde, la rupture du câble de manœuvre. Les outils
de sauvetage employés sont alors la
"caracole" ou le "cône taraudé"

La caracole est un crochet en fer
(fig. 36) dont la pointe allongée et
recourbée permet d'engager la tige
dans le fond du crochet. On tire
alors jusqu'à ce que la caracole viennent s'appuyer sur un emmanche-
ment de la tige ce qui permettra de
remonter celle-ci lentement en

évitant les secousses.

Le cône taraudé (fig. 37) est un chapeau conique en acier à l'intérieur duquel se trouve un filetage robuste. On cherche par tâtonnement à coiffer avec ce cône l'extrémité cassée de la tige, le cône ayant été vissé au bas des tiges ; on visse alors, au moyen du manchon de manœuvre des tiges, le cône jusqu'à ce que la prise soit suffisante. On remonte alors le tout avec prudence.

Dans le cas du sondage à tiges creuses, on remplace le cône taraudé par un "taraud" capable d'être vissé à l'intérieur de la tige. Ce taraud est lui-même à circulation d'eau pour déblayer les sables qui s'accumuleraient au fond du trou de sonde pendant le sauvetage.

D — Emploi du sondage dans les mines.

Le sondage qui est le moyen de recherche le plus rapide et le plus employé s'applique également dans l'exploitation même dans les trois cas suivants :

Fonçage des puits par congélation
Nous en parlerons bientôt.

Sondage en reconnaissance de terrains
Pour fouiller dans tous les sens le gisement à l'extrémité d'une galerie de traçage. Cette reconnaissance pourra indiquer si des venues d'eau sont à craindre ; elle ira au-devant des dégagements intempestifs de gaz Grisou ou acide carbonique, enfin elle permettra de suivre ou de retrouver la couche ou le filon un moment perdu.

Sondage en percement de trous de communication
Pour faire descendre dans les travaux des conduites de vapeur, des câbles électriques, des cordons de sonnette, des tuyaux acoustiques, ou pour établir des passages d'air en cas d'accident.

Pour ces travaux faits à l'intérieur de la mine, on emploie le sondage par rotation au diamant qui peut être mené sous un angle quelconque, et d'encombrement plus faible, puisqu'un simple moteur rotatif suffit à mettre en mouvement les tiges.

Chapitre VI.

Travaux préparatoires.

Aménagement du gîte.

Pour aménager un gîte reconnu soit par des travaux de recherches, soit par un sondage, il faut partir de la surface de la terre et créer dans les entrailles de la terre des chantiers au milieu de la couche ou du filon. Quelquefois pourtant le minerai est visible à flanc de coteau. Mais il faut toujours s'avancer progressivement sous la montagne avant d'extraire quoi que ce soit. Dans un cas comme dans l'autre, on doit faire des "travaux préparatoires" et ne songer que plus tard à une "méthode d'exploitation".

Quelle que soit l'inclinaison présentée par une couche ou par un filon, le moyen naturel et géométrique d'atteindre cette couche ou ce filon est de descendre verticalement par un "puits" et de marcher horizontalement par une "galerie" dirigée dans un sens déterminé par la sédimentation. On ne peut manquer de "recouper" ainsi la houille ou le minerai, dont l'existence a été révélée par les travaux de recherches.

L'aménagement d'un gîte se faisant par puits et galeries, nous examinerons dans les deux paragraphes qui vont suivre tout ce qui a trait à ces deux systèmes de voie de communication.

§ 1 — Puits.

Le creusement d'un puits s'appelle "fonçage".

Forme.

La forme d'un puits peut être polygonale, ronde ou elliptique. Comme polygone, on a le carré, le rectangle, l'hexagone. Les

puits rectangulaires sont commodes pour installer dans 3 compartiments distincts, les services de l'extraction du minerai, de l'épuisement des eaux et de la circulation du personnel : ils sont
très employés au Transvaal.

Les puits carrés pourront ne pas être boisés s'ils sont de
faible profondeur, mais il est cependant bon de garnir toujours
les parois afin d'éviter la chute éventuelle d'une pierre qui
pourrait occasionner de graves accidents.

Les puits elliptiques, comme les rectangulaires, laissent
disponibles sur les côtés des compartiments que l'on peut utiliser
pour l'aérage, l'évacuation des eaux et le personnel. Malgré
cela le puits circulaire est celui qui obtient la majorité des
suffrages surtout pour les mines de houille.

Diamètre.

Une fois la forme choisie, il faut déterminer le diamètre
du puits. Cela dépendra d'abord des dimensions des engins
d'extraction : pour des paniers de 5 à 10 hectolitres de minerai
il faudra de 2 mètres à 2^m50 de diamètre ; pour des cages d'extraction un minimum de 3^m50 est nécessaire ; mais dans les
exploitations importantes de minerai de fer ou de houille, on
va jusqu'aux diamètres de 5 et 6 mètres. La fixation du diamètre aura aussi de l'influence sur le prix d'établissement du
puits, toutefois l'augmentation de ce prix croît moins vite que
le diamètre. Il vaut donc mieux prévoir une section de puits
un peu grande afin de ne pas être réduit à limiter l'extraction.

La forme et le diamètre du puits ayant été fixés, il reste
à commencer le fonçage. La connaissance de la roche encais-
sante est de première nécessité, car c'est elle qui déterminera
le mode de creusement à employer.

Les procédés de fonçage sont en effet différents suivant
la dureté du terrain et la quantité d'eau qu'on rencontre.
C'est pourquoi nous étudierons successivement les méthodes
appliquées en terrain consistant peu et très aquifères et en
terrains inconsistants peu et très aquifères.

A _ Fonçage en terrains consistants peu aquifères.

Voyons rapidement les diverses questions qui se posent et comment on les résout.

Abatage.

Les procédés d'"abatage" c'est-à-dire de creusement sont ceux dont nous parlerons plus loin dans le chapitre spécial sur l'Abatage.

Enlèvement des déblais

La remonte des produits doit être faite assez rapidement pour ne pas gêner l'opération de l'abatage. Elle s'opère au moyen d'un panier montant et d'un panier descendant, le mouvement de va-et-vient étant communiqué par l'un des moteurs d'extraction qui seront décrits plus loin. Le panier porte le nom de "benne" ou "cuffat". La contenance est de 4 à 500 litres pour une profondeur notable. Une des bennes est en chargement pendant que l'autre circule dans le puits. Une partie des ouvriers du fond s'occupe du chargement des bennes, tandis que l'autre a pour mission de préparer les "trous de mines" car il vaut mieux ne pas tirer toutes les mines à la fois afin de ne pas s'encombrer de déblais, pour interrompre à nouveau ce déblayage par une nouvelle préparation de mines, période pendant laquelle la main-d'œuvre de la surface employée à la décharge des déblais, resterait inoccupée.

Dans le cas où l'on n'a pas encore la machine d'extraction, on installe un treuil spécial pour remonter les bennes. Avec un treuil de 25 chevaux on peut aller à 300 mètres de profondeur dans un puits de 5 mètres de diamètre. Il est bon d'avoir deux treuils pour ne pas être arrêté en cas d'avarie à celui en service.

Sécurité du personnel

La remonte des matériaux doit être faite en vue surtout de présenter toute la sécurité désirable et de ne laisser rien tomber qui pourrait blesser les ouvriers occupés au fond du puits

A l'orifice du puits, il est bon de disposer deux trappes que l'on ferme aussitôt après la descente ou la montée du panier et qui laissent seulement l'ouverture nécessaire au passage du câble. Le panier plein est reçu sur un wagon plat et emporté pour être vidé à une certaine distance du puits. On peut aussi installer un tablier ou pont mobile autour de charnières horizontales. Quand arrive le panier plein, on tire le tablier à l'aide de deux chaînes et on le fixe à l'autre paroi du puits, de manière à fermer l'orifice du puits. Le panier peut alors être basculé sans danger sur le plan incliné fermé par le tablier, dès qu'on a fait reculer le câble d'extraction.

Il y a également certaines précautions à prendre pour la circulation du personnel. Les ouvriers descendent par des échelles que l'on suspend au fur et à mesure de l'avancement et que l'on place dans un compartiment séparé de celui où s'opère la circulation des bennes. On ne fera descendre les travailleurs par ces bennes que si la profondeur est grande. Il faudra surveiller le point d'attache du câble, "la patte"

Épuisement des eaux.

Quand la venue d'eau est peu considérable, on remonte l'eau avec les déblais. Mais dès que le puits devient profond les paniers ne circulent plus assez vite pour suffire à l'épuisement. Il faut donc toujours prévoir l'emploi d'une pompe.

Si la venue d'eau est un peu forte, dès le début il faut employer des pompes. Ce seront en général des pompes horizontales actionnées par la vapeur. Les pompes sont placées sur un plancher dans le puits; on descend le plancher dès que la hauteur d'aspiration dépasse 7 mètres. On aura ainsi des pompes disposées sur des planchers étagés de 5 à 6 mètres au-dessus du fond du puits. Si la profondeur devient grande il faudra placer des pompes à un niveau intermédiaire pour refouler l'eau jusqu'à la surface.

On peut suspendre la pompe à un câble qu'on descend avec un treuil en suivant l'avancement du puits. La pompe sera verticale et à double effet. On pourra la remonter au moment du tirage des coups de mine pour éviter de l'endommager.

On peut ainsi refouler l'eau jusqu'à plus de 100 mètres. On peut également utiliser les "pulsomètres", du système "Koerting" par exemple. Un pulsomètre entraîne l'eau par succion au moyen d'une injection de vapeur; il peut ainsi refouler à 60 mètres de hauteur de l'eau aspirée à 5 mètres. Ils sont comparables à des pompes foulantes, mais d'encombrement moindre.

Enfin pour des profondeurs plus grandes, pour des venues d'eau plus grandes aussi il faudra des pompes très puissantes, à air comprimé, électriques ou centrifuges, comme celles dont nous parlerons plus loin dans le chapitre de l'"Épuisement des eaux". On est parvenu dans certains cas, dans le système "Tomson" à lutter contre des venues d'eau de 10 mètres cubes à la minute, à des profondeurs de 5 à 600 mètres, en refoulant l'eau avec des pompes dans des réservoirs suspendus à faible hauteur au dessus, ces réservoirs étant vidés par des bâches d'épuisement de grande capacité mues par des machines d'extraction puissantes.

Aérage.

L'emploi de la vapeur pour les pompes ou pulsomètres est un inconvénient pour l'aérage, car l'air s'échauffe en se chargeant de vapeur d'eau et il faut réaliser une ventilation très active pour ne pas gêner le travail des ouvriers. Cet inconvénient n'existe pas avec les pompes électriques. On placera des "buses" en tôle analogues à celles qui seront décrites au chapitre de l'"Aérage" et un ventilateur aspirera à travers ces buses l'air chaud ou vicié. L'emploi d'aérage mécanique est toujours nécessaire dans les fonçages de grande profondeur.

Revêtement des parois.

Il est rare que l'on puisse laisser les parois complètement nues, car il y a toujours effritements, la roche quelle qu'elle soit "soufflant" à l'air. Aussi met-on un revêtement provisoire sur une certaine hauteur, puis on le remplace par le revêtement définitif et on transporte le provisoire plus bas, là où l'on creuse. On fait ainsi le creusement par "passes successives" de 10 à 20 mètres.

Le revêtement provisoire est discontinu ; il est constitué par un système de cadres en bois serrés contre les parois derrière lesquels on interpose des planches, et au besoin des fascines.

Le revêtement définitif était autrefois discontinu et formé par des cadres en fer ou en bois serrés contre les parois et suspendus les uns aux autres par des tirants à une distance de 1m50 avec un garnissage en madriers de chêne de 3 à 5 centimètres d'épaisseur; ou un revêtement en tôle. Mais depuis une quarantaine d'années on a admis progressivement que le revêtement continu était préférable.

Le revêtement continu se fait en maçonnerie, briques, moellons ou ciment. Il porte le nom de "muraillement" Il s'exécute par "retraites", c'est-à-dire par tronçons verticaux longs de 10 à 20 mètres comme les passes de creusement. A cet effet on commence par placer une "roue" ou "coulisse" c'est un polygone formé de secteurs prismatiques en bois, hauts de 20 à 25 centimètres, longs de 50 à 60 centimètres et larges de 25 à 30 centimètres. Elle est serrée contre le terrain au moyen de coins en bois, et placée bien horizontale à l'aide d'un niveau à bulle d'air et centrée par rapport au puits. On monte ensuite les lits de briques ou de moellons en se guidant sur des ficelles tendues entre la dernière roue posée et celle de la retraite précédente. On vérifie la régularité du diamètre au moyen de "quarts de rond" ou arcs de cercle inscriptibles dans la circonférence du puits. Dès que la maçonnerie est parvenue sous la roue précédente on peut démonter cette dernière par fragments remplacés par la maçonnerie les uns après les autres. Les ouvriers qui maçonnent dans les puits sont placés sur des planchers volants qu'ils montent ou descendent à volonté, ou qui sont mus à l'aide de câbles de suspension au nombre de 4 sur les côtés du puits et qui seront remontés tous à la fois de la même quantité. Dans les puits de grand diamètre le plancher est formé de plusieurs tronçons qu'on manœuvre successivement. Ces tronçons sont fixés au moyen de verrous à coulisses qui s'engagent dans des cavités de la maçonnerie; au centre du plancher on ménagera un vide pour le passage des cuffats.

On peut en lieu de briques, employer du béton, il sera constitué avec un mélange de 200 à 300 kilogs. de mortier de ciment pour 1 mètre cube de cailloux de 2 à 5 centimètres. Un tel revêtement est rapidement fait et tient bien si les terrains sont consistants.

B — Fonçage en terrains consistants et très aquifères.

La venue d'eau peut varier dans de grandes proportions à partir de 3 mètres cubes à l'heure on est gêné dans le travail au-dessous de 6 mètres cubes à l'heure il faut des pompes. Dans certains cas on a constaté des venues d'eau de 40 mètres cubes à la minute. On a pu jusqu'à maintenant lutter contre des venues de 10 à 15 mètres cubes au maximum. Dans tous ces cas il faut éviter l'épuisement continuel, il faut donc faire un revêtement étanche qui empêche l'eau d'entrer dans le puits; le muraillement dont nous venons de parler ne remplit pas les conditions nécessaires. Il s'agit généralement de franchir un niveau aquifère, sur le passage duquel il faudra un revêtement étanche. Ce cas s'est présenté souvent dans le fonçage des puits du Pas-de-Calais pour le passage du calcaire carbonifère qui est très aquifère. Si l'on peut travailler en luttant contre la venue d'eau on emploie le

Fonçage à niveau vide.

Le creusement s'effectue comme précédemment, la particularité est dans l'établissement du revêtement étanche qui porte alors le nom de "cuvelage" C'est un boisage en coffrage complet. Il se compose de pièces de chêne parfaitement jointives, assemblées les unes à côté des autres, de manière à former un joint bien étanche. Les joints sont en outre brandis et calfatés, comme on a l'habitude de le faire pour la coque des navires. On complète l'étanchéité en pilonnant un peu de béton ou de mortier hydraulique derrière le cuvelage. Il faut choisir avec beaucoup de soin chaque pièce de cuvelage et n'y tolérer aucun défaut, car la rupture d'une de ces pièces sous la pression des terrains aquifères peut être préjudiciable à l'existence même d'une mine. Ces pièces ont 25 à 30 centimètres de hauteur sur 20 centimètres d'épaisseur ; elles sont soigneusement biseautées sur leurs arêtes verticales.

Le cuvelage repose sur une "trousse picotée". C'est un cadre en chêne épais de 25 centimètres et exactement assemblé. L'espace laissé entre la trousse et la roche est rempli par une pièce de bois de sapin dite "lambourde" ayant 6 centimètres d'épaisseur. Enfin on comprime de la mousse avec des "plats-coins". Ces coins sont mis d'abord dans un sens, puis dans un autre, et serrés en dernier lieu par des coins dits "picots" enfoncés jusqu'à refus, de manière que les morceaux de mousse ne soient plus visibles. On peut mettre deux ou trois trousses au-dessous les unes des autres pour être sûr d'avoir une base de cuvelage bien étanche.

Parfois quand la venue d'eau est par trop considérable et que l'on craint des efforts de pression trop élevée derrière des pièces de cuvelage, on ménage de place en place des tubulures vissées sur le cuvelage ; ces tubulures permettent d'évacuer de temps en temps l'eau en excès, en évitant qu'elle ne se mette en charge. On peut même ainsi se procurer de l'eau pour l'alimentation des chaudières à la surface.

Le cuvelage en bois est souvent remplacé par un "blindage" en fonte. L'inconvénient du cuvelage en bois c'est qu'il oblige de creuser le puits à un diamètre bien supérieur au diamètre utile, à cause de l'épaisseur du cuvelage. De plus le bois se pourrit dans la partie haute du cuvelage où il est soumis à des alternances de sécheresse et d'humidité suivant les variations de niveau de la couche aquifère. Le cuvelage en fonte ou blindage est donc constitué d'anneaux coulés en forme de U (fig. 38). Dans le "système anglais" ces anneaux sont renforcés de nervures et pour constituer le joint étanche entre deux anneaux superposés on intercale des plan-

chettes de sapin et l'on fait le picotage. Dans le "système allemand" entre chaque anneau on place une feuille de plomb qui étant serrée fortement par des boulons portés par les brides donne un joint étanche (fig. 39), dans ce cas les brides sont du côté de l'intérieur du puits au lieu d'être du côté de la paroi. A la partie inférieure du blindage se trouvera une trousse picotée en fonte. Pour compléter l'étanchéité du revêtement, on coule derrière chaque couronne d'anneaux un béton à prise rapide composé de deux tiers de sable et un tiers de "ciment Portland". La pose de ce béton est souvent entravée par la pression avec laquelle l'eau jaillit, aussi emploie-t-on l'artifice suivant: on prépare un tuyau ayant à peu près le diamètre de la cavité où l'eau continue à jaillir; ce tuyau doit être assez long pour qu'on puisse le maintenir pendant la pose de deux ou trois couronnes d'anneaux, et doit être muni d'un robinet; on bétonne donc tandis que l'eau s'écoule par le tuyau et dès que la prise du béton a eu lieu on ajoute du béton dans la cavité et on ferme le robinet; la venue d'eau est alors complètement aveuglée.

Fonçage par congélation.

Le principe de ce procédé consiste à faire à l'intérieur du terrain autour du puits à foncer un cuvelage artificiel temporaire de glace qui empêche l'arrivée de l'eau dans le puits. L'idée première fut appliquée en 1883 par un ingénieur allemand "Poetsch" aux terrains inconsistants mais ce soit les modifications heureuses introduites par nos exploitations du Nord de la France, qui ont rendu ce mode de fonçage vraiment pratique aujourd'hui.

Le procédé consiste à envoyer dans des tubes placés dans des trous de sonde dont la profondeur est celle du niveau aquifère, un liquide congélateur sur tout le périmètre du puits, de manière que tout le sol avoisinant ne forme qu'un seul bloc de glace. Le liquide employé ordinairement est du chlorure de calcium ou de magnésium qu'on refroidit à 25° au dessous de zéro à l'aide de l'ammoniaque sous pression, ou de l'anhydride carbonique également comprimé.

Pour un puits de 5 à 6 mètres de diamètre, il sera bon d'employer 20 sondages répartis sur une circonférence de 6m50 de diamètre; pour un puits de 4 mètres il suffira de 16 sondages à une distance de 1m d'axe en axe sur un cercle de 5m10 de diamètre (fig. 40). Pendant le forage des trous de sonde il faut empêcher le jaillissement des eaux, car la nappe d'eau doit rester aussi immobile que possible; à cet effet on emploie un tube en fer pour le passage de la couche aquifère.

Fig. 40

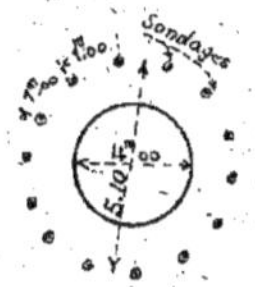

Dans chaque trou de sonde on descend un tube congélateur fermé à la base de diamètre égal à 125 ou 150 millimètres et résistant à une pression de 20 atmosphères; le tube intérieur et concentrique aura un diamètre de 50 à 70 millimètres. Les couronnes collectives d'entrée et de sortie du liquide congélateur coiffent l'extrémité de ces tubes et sont formées de segments en acier. On peut obtenir la congélation sur une profondeur de 100 mètres en mille heures, soit 42 jours de travail. On suit les progrès de la congélation en plaçant des thermomètres dans le sol à 2 mètres de profondeur et 1 mètre de chaque tube. Le travail de congélation doit être poursuivi sans interruption jusqu'à complet achèvement.

Une fois la congélation obtenue, on commencera le fonçage proprement dit; la muraille de glace atteindra de 0m80 à 1m50 d'épaisseur autour de la fouille suivant les terrains traversés par les trous de sonde. Il vaut mieux ne pas solidifier l'intérieur du puits, pour que l'abatage soit plus facile. On effectuera la pose du cuvelage en fonte comme dans les fonçages ordinaires, par retraites successives et sur trousses picotées.

Il faudra éviter autant que possible le travail à l'explosif, cause d'échauffement et de dislocation du terrain congelé. Le béton pilonné derrière le cuvelage sera formé de ciment gâché avec une dissolution de sel marin ou de chlorure de calcium pour empêcher la congélation de l'eau du mortier.

On est arrivé à descendre à des profondeurs supérieures à 100m; la seule difficulté est d'avoir des sondages parfaitement verticaux pour y placer les tubes congélateurs; la verticalité est nécessaire pour que dans le foncage du puits on ne rencontre pas le tube, et qu'entre deux trous voisins la distance soit constante afin que tout le terrain soit congelé entre eux.

Foncage par cimentation.

Le principe est analogue à celui du foncage par congélation; mais le cuvelage artificiel que l'on crée autour du puits est définitif: il est obtenu par l'injection de ciment dans le terrain. La première application date de 1904; elle fut faite par Monsieur Portier dans les mines du Nord; On avait déjà employé depuis longtemps le ciment en injection pour boucher et consolider les fissures et obturer ainsi les venues d'eau. En injectant ainsi de grandes quantités de ciment derrière les cuvelages, Mr Portier avait pu constater que ce ciment se propageait dans les terrains avoisinants il fut ainsi amené à généraliser la méthode et à l'appliquer au foncage des puits en terrain consistant.

L'injection se fait successivement à chaque trou de sonde, et pour chacun d'eux par retraites successives de 5 mètres pour la commodité de l'installation. Le degré de sécurité n'est pas aussi grand que pour la congélation car pour que les fissures soient bouchées il faut que le trou de sonde les rencontre et qu'elles soient assez grandes pour que le ciment y pénètre et puisse prise. Mais si les conditions favorables sont réalisées le ciment peut aller très loin dans sa propagation, jusqu'à 40 ou 50 mètres dans certains cas; cette considération permet de réduire le nombre des trous de sonde que l'on prend en

Fig. 41

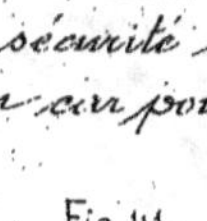

général égal à six (fig 41 page 62). Il en résulte que le temps employé au sondage est moindre. De plus il est indifférent que les trous de sonde ne soient pas rigoureusement verticaux; on n'est donc plus limité en profondeur pour appliquer le procédé. Le seul inconvénient c'est qu'on ne peut suivre la marche de l'opération.

Pendant le sondage il faut éviter que les déblais soient entraînés par l'eau dans les casoures; c'est pourquoi le creusement par rotation est préférable au battage par trépan. En fin d'opération on nettoie les casoures par une forte circulation d'eau afin d'en chasser l'argile qui empêcherait la prise du ciment.

Les trous de sonde sont garnis avec deux tubes concentriques dans lesquels on fait circuler le "lait de ciment"; c'est un courant d'eau tenant en suspension du ciment Portland très fin dans la proportion de 5% au début de l'opération. Vers la fin de l'injection on peut augmenter jusqu'à 10%. La circulation du liquide est assuré par des pompes.

Le procédé par cimentation est plus économique de moitié que celui par congélation; la vitesse d'avancement est la même, 12 à 15 mètres par mois, mais il ne peut s'appliquer aux terrains inconsistants.

Fonçage à niveau plein.

Quand on ne peut plus se rendre maître de la venue d'eau, il faut faire le creusement et le revêtement sous l'eau. On y arrive en employant le "système Chaudron" du nom de son inventeur, un ingénieur belge.

Ce fonçage peut se définir comme un sondage de grand diamètre, celui du puits, avec tubage du trou de sonde. On bat le terrain avec des trépans pesant 22 tonnes, auxquels on fait donner dix à quinze coups à la minute, la hauteur de chute étant de 40 centimètres.

À mesure que se fait le battage, on descend le revêtement en métal qu'on assemble à la partie supérieure du puits comme on assemblerait les tubes d'un sondage. Mais il y a deux particularités essentielles que voici :

Le joint avec le terrain se fait au moyen de la "boîte à mousse". Cette boîte se compose de deux anneaux en fonte entrant l'un dans l'autre. Les brides inférieures des anneaux sont tournées vers la paroi du puits, les brides supérieures sont au contraire, tournées vers le centre du cuvelage. Entre les deux brides

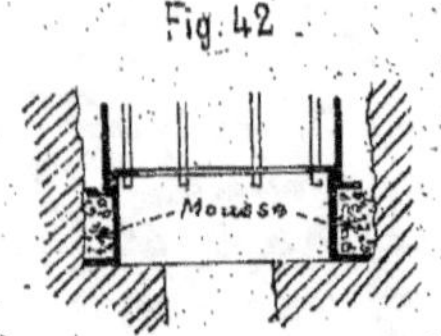

inférieures se trouve la mousse qui pourra être serrée contre le terrain et former joint étanche. Sur la boîte à mousse se fixent les anneaux du revêtement qu'on boulonne au fur et à mesure et qu'on laisse descendre peu à peu (fig. 42.) Toutefois il est bon de remarquer que le poids peut devenir considérable à un moment donné, aussi les tiges de suspension retenant le revêtement au plancher de manœuvre sont elles exposées à casser. La seconde particularité remédie à cela c'est la "colonne d'équilibre". Grâce à cette colonne tout le système peut flotter comme un navire sur l'eau. Sur le premier anneau fixé à la boîte à mousse se trouve un faux fond sur lequel est placée une

Fig. 43.

ligne de tuyaux verticaux formant la colonne d'équilibre. On admet plus ou moins d'eau dans l'espace annulaire, de manière à donner au cuvelage flottant le poids nécessaire (fig. 43.)

On descend ainsi peu à peu le cuvelage sans trop de fatigue pour les tiges de suspension. Ces tiges au nombre de six, sont munies d'écrous à leur partie supérieure et placées dans une charpente solide. Quand toute la longueur de la partie filetée de la tige a été descendue, on met sous chaque tige une clef de retenue. On remonte les tiges, on y fixe un nouvel anneau. On enlève les madriers des clefs de système, et l'on fait descendre le tout sur le dernier anneau placé. Il ne reste plus qu'à boulonner le système.

Lorsque la boîte à mousse est arrivée sur le banquette et dans la loge qui lui a été ménagée lors du sondage on fait un bétonnage tout autour du cuvelage. Le béton est descendu dans des caisses ou dans des tubes ouverts par un câble de manœuvre dès qu'ils sont au fond du puits. Le bétonnage terminé, on épuise les eaux et on enlève le faux fond. Il est bon ensuite, pour avoir un joint bien imperméable, d'installer sous la boîte à mousse deux trousses picotées en fonte, placées sur deux trousses en bois et surmontées d'une couronne de cuvelage raccordée à la boîte à mousse par un picotage horizontal.

Le procédé Chaudron, très en vogue à un moment donné, permet de passer assez facilement une nappe aquifère, à condition que la venue d'eau ne soit pas trop considérable. Dans ce cas il faudra mieux choisir le procédé par congélation.

C — Fonçage en terrains inconsistants peu aquifères.

Entre le terrain résistant et le terrain ébouleux il y a toute une échelle de dureté. Les divers procédés indiqués plus haut pourront s'appliquer tant que le terrain se maintient de lui-même. Mais si le terrain a tendance à s'ébouler spontanément on ne peut plus faire le creusement sur une certaine hauteur sans revêtement; au contraire il faut que le revêtement précède le creusement, c'est le "poussage au bouclier" ce bouclier pouvant être plus ou moins compliqué comme forme.

Procédé des palplanches.

Fig. 44

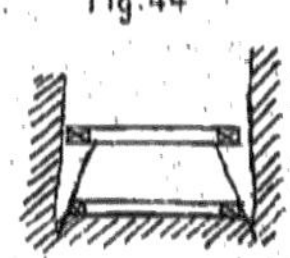

On l'emploie quand il s'agit de passer sur une faible hauteur 20 ou 30 mètres une couche ébouleuse avec peu d'eau. Les "palplanches" sont des planches taillées en biseau pour faciliter leur pénétration dans le terrain;

elles auront de 60 centimètres à 1 mètre de longueur, 10 à 15 centimètres d'épaisseur (fig. 44 page 65). On les enfonce derrière un cadre polygonal et sous un angle de 10 à 15°. Quand la pénétration est complète sur tout le pourtour du puits et que l'ensemble est bien jointif, on déblaie une hauteur de 50 centimètres et avant que le système n'ait pu se resserrer sous l'influence de la poussée du terrain, on pose suivant la verticale un autre cadre derrière lequel pourront être enfoncées de nouvelles palplanches. Si le terrain est assez peu consistant il est bon de faire un garnissage très soigné entre les palplanches, afin de maintenir convenablement les parois du puits.

Procédé de la trousse coupante.

Lorsque la profondeur dépasse 30 mètres, ou que le terrain renferme une quantité assez notable d'eau, on a recours à ce procédé qui permet de descendre tout d'une pièce un bouclier complet, c'est-à-dire une maçonnerie faite d'avance à la surface.

La "trousse coupante" se compose d'un anneau en fonte dont la partie inférieure est taillée en biseau, afin de pénétrer dans les sables. Sur cet anneau on élève un certain nombre d'assises de maçonnerie dans lesquelles on intercale de temps en temps des coulisses en bois ou en fer réunies entre elles par des tirants en fer.

Pendant la descente il est bon de garantir la maçonnerie par une série de planches permettant d'éviter le frottement du terrain qui pourrait disjoindre les assises de la maçonnerie. La plus grande difficulté est de conserver au mouvement de descente sa parfaite verticalité. Pour cela on a soin de guider convenablement ce mouvement à l'aide de vérins placés au sommet du cadre polygonal et à la partie supérieure du puits. On laisse descendre la trousse progressivement et à mesure que les ouvriers ont affouillé le terrain sous le couteau de la trousse

D — Fonçage en terrains inconsistants et très aquifères.

Dans ce cas, il faudra substituer au revêtement ordinaire
le cuvelage ou le blindage. Mais à la difficulté provenant de
l'eau il faut ajouter celle de la nature sableuse du terrain.
Pour l'épuisement, du sable est entraîné avec l'eau que l'on
essaie d'évacuer par les pompes et celles-ci sont vite mises hors
d'usage; de plus il peut se produire un "affouillement"
derrière la trousse, c'est-à-dire que l'eau entraînera plus
de sable d'un côté, il se fera un vide dans le terrain et la
trousse sera déviée dans sa descente. Aussi le mode de travail normal
sera à "niveau plein"; si l'on veut opérer à "niveau vide" il
faudra éviter cependant l'épuisement.

Forage à niveau plein.
Différents systèmes ont été employés pour le crénoce-
ment et l'évacuation des déblais. Quand on a affaire à
du sable on fera du "dragage" au
moyen de bennes à crochets disposées
sur une chaîne sans fin. Ou bien on
dispose d'un chassis qui a la forme
d'un trépan muni de dents pour désa-
gréger le terrain; deux ailes inclinées
amènent les déblais vers le centre du
chassis; au-dessus duquel se trouvent
2 tubes concentriques. Par le tube central percé arrive de l'air comprimé qui
en se répandant par les orifices se mêle
à l'eau de l'espace annulaire; l'eau prend une densité plus
faible et monte, le syphon est ainsi amorcé, et le sable est
entraîné vers le haut par le mouvement de l'eau (fig. 45).
La quantité de sable que l'on évacue ainsi dépend de la
quantité d'air comprimé envoyé.

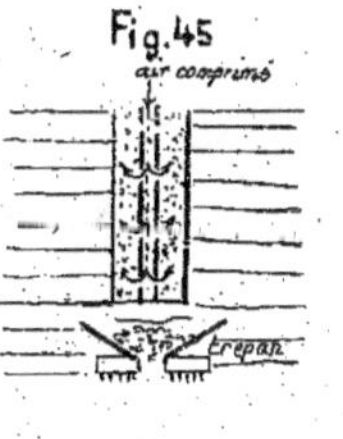

Fonçage à niveau vide.
Ainsi que nous l'avons dit il ne faut pas faire d'épuisement qui est dangereux par suite des affouillements qui en

Fig. 46.

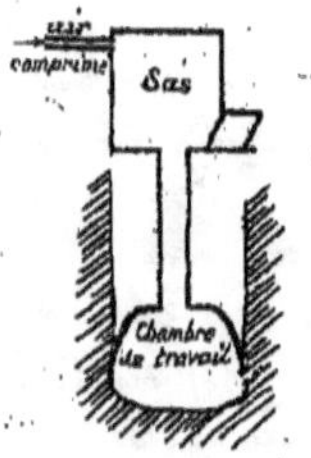

résulteraient. Pour opérer à niveau vide il faut cependant maintenir l'eau en dehors du puits. On y parviendra au moyen du procédé par congélation qui s'appliquera comme pour des terrains consistants et qu'on peut employer jusqu'à d'assez grandes profondeurs.

Ou bien si la profondeur ne dépasse pas 25 à 30 mètres, on utilisera "l'air comprimé". La manière de procéder est analogue à celle appliquée couramment pour l'établissement des piles de ponts; c'est le principe de la cloche à plongeur. Elle devra être reliée par un tuyau d'évacuation à une chambre munie d'une double fermeture ou "sas à air" (fig. 46) Il y a deux manières d'opérer, cette chambre peut être fixe, ou bien descendre progressivement à mesure que le creusement se fait:

Dans le "procédé à sas fixe" la chambre de travail est constituée par toute la section du puits. La pression peut devenir considérable sur le plancher du sas quand le tuyau de communication s'allonge avec la profondeur, tous les éléments du cuvelage doivent passer par le sas et il faut monter la trousse à l'intérieur ce qui est gênant.

Dans le "procédé à sas mobile" la chambre de travail peut être relativement restreinte, donc on a une moins forte pression sur le plancher du sas, qu'on charge pour le faire descendre; on n'a plus ainsi à allonger le tuyau de communication entre le sas et la chambre de travail, on construit la trousse à l'extérieur ainsi que le cuvelage, d'où plus grande commodité du travail.

À cause de l'action sur l'organisme, le travail à l'air comprimé est impossible au delà de 30 mètres de profondeur.

E _ Approfondissement des puits.

Il ne s'agit en général que d'un approfondissement simple dans un terrain consistant et peu aquifère. La difficulté vient de ce que le travail doit être exécuté sans interrompre le service du puits. Si l'on n'est pas pressé on travaillera pendant les intervalles où le puits ne fonctionne pas. Mais si l'on est obligé d'opérer pendant le service, on doit prendre des dispositions spéciales : on fait "l'approfondissement sous stot" c'est-à-dire qu'on laisse un espace solide le "stot" entre le fonds du puits et le point où l'on reprend le creusement. Pour le réaliser on se porte en dehors de la verticale du puits, on fonce un petit puits d'une dizaine de mètres et on revient par une galerie dans l'axe du puits (fig. 47) ; on peut remplacer le fonçage du puits intermédiaire par le creusement d'un plan incliné ou par le puits voisin s'il y en a un qui soit plus profond déjà.

Fig. 47

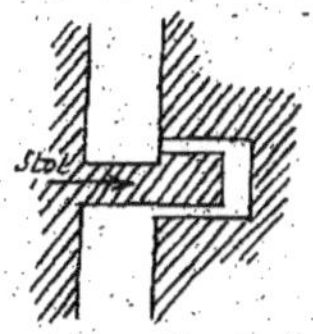

Une fois le creusement achevé on fait sauter le stot et on raccorde les maçonneries. Ce qui est difficile c'est de retrouver la verticale du puits.

Dans certains cas on a percé le stot d'un trou de l'autre pour évacuer directement par le puits les déblais.

On a également constitué un stot artificiel par une voûte en maçonnerie surmontée d'argile et protégée par des planches.

F — Fonçage en montant.

Jusqu'ici il n'a été question que du mode de fonçage en descendant ; mais on peut avoir à creuser un puits en montant. Ceci est fréquent pour le puits intérieur ou "bearlia" (c'est aussi le cas d'un puits approfondi sous stot ; ce mode d'opérer s'applique aussi aux galeries fortement inclinées suivant la pente du gîte et que l'on appelle "montages" ou "cheminées".

Fig. 48

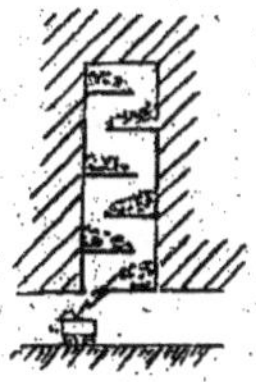

Les procédés de creusement sont les mêmes ; ce qui est plus spécial c'est le mode de descente des matériaux.

On peut disposer des planches en quin-

Fig. 49

once de largeur un peu inférieure à celle du montage (fig. 48 page 69). La chute des terres produites est peu considérable; on fait unique ment passer d'un plancher à l'autre les déblais en excès.

On peut aussi réaliser un coffrage com plet qui sera rempli de terres. Une trémie placée à la partie inférieure permet le char gement dans les wagonnets. Dans le compartiment contigu, on dispose des échelles pour la circulation du personnel, qui aboutissent à un plancher étanche et solidement établi pour le tra vail. (fig. 49) Le fonçage en montant est plus ration nel puisqu'on utilise la pesanteur pour l'abatage et l'éva cuation des eaux; mais ce dispositif forme cloche en terrain grisouteux, d'où danger.

§2 _ Galeries.

Au point de vue de leur nature les galeries sont de deux sortes, celles qui conduisent au gisement et celles qui sont creusées dans le gisement même pour sa mise en exploita tion. Disons-en les caractéristiques.

Travers-Bancs.

Quand le puits, pour rencontrer la couche, doit descendre à grande profondeur, de même que après avoir rencontré la couche, il a été prolongé plus bas, ou même à la rencontre du gîte, depuis le fond du puits un "travers-bancs" horizontal, c'est-à-dire une galerie qui traverse norma lement tous les bancs sédimentaires.

Le travers-bancs qui part du puits est toujours dirigé suivant une ligne droite, fixée d'avance d'après les connaissances qu'on peut avoir sur le gisement. Cette ligne sera nord-sud, si les couches vont sensible ment de l'est à l'ouest. Elle sera est-ouest, si les couches semblent avoir une allure perpendiculaire à la précédente.

Il est toujours bon d'ailleurs de ne pas arrêter le puits sur la couche et de le descendre encore, quitte à faire quelques mètres de travers bancs, afin de ne pas exploiter aux environs immédiats du fond du puits et de ne pas compromettre la solidité de ce puits, quelle que soit d'ailleurs l'épaisseur du massif de protection qui aie pu être réservé.

Une bonne section pour un travers banc est 1m80 de hauteur sur 3 mètres de largeur. Trop de hauteur est nuisible, toutefois il est bon de canaliser les eaux, si la mine est très aquifère : on peut alors augmenter la hauteur jusqu'à 2m25 afin de réserver sous la voie de transport un niveau de 50 centimètres pour les eaux. La section est rectangulaire, ou cintrée au toit si le revêtement doit être en pierre ou si le terrain traversé est assez dur pour laisser les parois sans revêtement. Les dimensions sont fixées par celles du matériel roulant et de l'aérage. La section en général de 4 mètres carrés pour les mines de houille ordinaire, peut atteindre 6 et 7 mètres carrés si la mine est grisouteuse. Pour les mines métalliques où les matériaux transportés sont moins considérables on peut se contenter de 3 mètres carrés, et même 2m50

Galeries de roulage et d'exploitation.

Après le travers-bancs on perce immédiatement dans le gîte les galeries de roulage et d'exploitation. On commence par "tracer" deux galeries simultanées afin d'assurer l'aérage. Les galeries seront superposées par exemple, et on les réunira de temps en temps par des montages pour permettre à l'air de venir jusqu'aux fronts des galeries. Si le gîte a plusieurs mètres d'épaisseur l'une des deux galeries sera conduite le long du mur, l'autre faite au toit et au même niveau

Les dimensions de ces galeries sont moindres que celles des travers-bancs, à moins qu'on ne prévoit une exploitation importante qui nécessite une double voie ferrée, mais en général on élargit la galerie plus tard si le besoin s'en fait sentir. Ce qui règle surtout pour le choix de la section c'est la puissance de la couche, la dureté des épontes, et la solidité des terrains encaissants.

On donne, quand la galerie doit être boisée, un profil trapézoïdal qui résiste mieux aux poussées du terrain, hauteur 1ᵐ80 entre le boisage et le sol de la galerie; largeur 1ᵐ80 à la base, 1ᵐ20 au sommet.

Si l'on ne fait pas de boisage, on adopte une voûte surbaissée, comme pour les travers-bancs. Même quand on recoupe des terrains très durs il ne faut pas descendre au-dessous de 1ᵐ50 de hauteur pour 1ᵐ20 de largeur, à cause des difficultés qui en résulteraient pour l'aérage et le roulage.

Si la mine est à flanc de coteau il n'y a bien entendu ni puits ni travers-bancs. On pénètre de suite dans le gisement par la "maîtresse-galerie", mais il est toujours bon de conduire cette galerie sur une longueur de 100 mètres au moins avant de commencer toute exploitation afin de sortir des éboulis ou des décompositions de la couche qui se rencontre toujours près de la surface.

A — Percement des galeries.

Le percement des travers-bancs doit assurer, avant tout, à ces galeries une rectilignité parfaite. Dans ce but on dispose au milieu de la galerie deux fils à plomb, et on s'assure le plus souvent possible que le plan déterminé par les deux fils passe bien au centre du front d'attaque, où l'on place une lampe pour la visée.

Comme pour le fonçage des puits, le mode de percement varie suivant la nature du terrain traversé.

Percement en terrain consistant peu aquifère.

L'abatage peut se faire à la main avec l'aide de l'explosif. Au moyen de 3 coups de mine convergents au centre du front d'attaque, on dégage un

Fig. 50

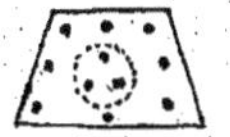

cône central; ensuite on pratique des coups de rabatage tout autour pour enlever toute la section (fig. 50) ce qui fait 11 coups en moyenne.

L'abatage peut également se faire mécaniquement au moyen de "perforatrices" ou de "marteaux perforateurs". Nous en parlerons plus loin au chapitre de l'Abatage. L'avancement est très variable suivant la dureté de la roche et la section de la galerie.

La question de l'enlèvement des déblais est primordiale; il ne faut pas que l'ouvrier le "piqueur" soit gêné par eux; au fur et à mesure de leur production ils sont chargés dans les wagonnets et emmenés au loin par le "rouleur". On a essayé des courroies transporteuses pour évacuer les déblais à faible distance jusqu'au point où elles peuvent être chargées dans les wagonnets.

L'aérage doit être très soigné pour chasser rapidement les fumées du tir des explosifs.

Les galeries doivent présenter une faible pente pour l'évacuation de l'eau et aussi pour le roulage ainsi que nous le verrons plus loin.

Le prix de percement d'une galerie varie surtout avec la dureté de la roche et un peu avec la section. Avant guerre on avait des chiffres variant de 120 francs à 12 francs le mètre.

Percement en terrain consistant très aquifère.

Il faut prévoir l'évacuation de l'eau d'une façon spéciale. On fait un caniveau le long de la galerie sur un des côtés. Si le débit d'eau est grand, on est amené à faire un lit de ruisseau à la base et sur toute la largeur profond de 50 à 60 centimètres; et on pose un plancher par-dessus pour la circulation des wagonnets et du personnel. On peut citer comme exemple la "Galerie de la Mer" à Marseille qui a 15 kilomètres de longueur et qui relie la mine de Gardanne à la mer pour permettre l'évacuation des eaux.

Si la venue d'eau est par trop considérable, il vaut
mieux se protéger par un cuvelage qui peut être en maçonnerie ou en fonte comme pour le tunnel du Nord-Sud.

Percement en terrain inconsistant et peu aquifère.
Comme pour les puits on emploie le "poussage au
bouclier", ce bouclier pouvant être plus ou moins compliqué
comme forme.
Si le terrain est assez résistant, on fait usage de
"palplanches" qu'on enfonce à mesure de l'avancement
du boisage. On fait passer les plan-
ches au-dessous du dernier cadre

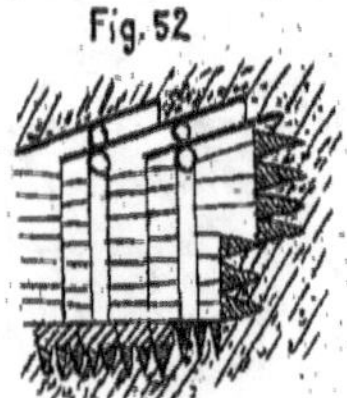

Fig. 51

de boisage et on boise sous les planches à mesure qu'elles s'enfoncent
et que le terrain a été déblayé (fig.
51). Un tel bouclier de planches
peut n'exister que sur une seule
paroi, ou sur trois parois à la fois,
de la galerie.
Quand le terrain est moins solide encore à l'avancement, on se
fait précéder par une ligne de "picots" c'est-à-dire de bois
taillés à l'instar des pilotis dont on
se sert pour les fondations d'édifices
dans de mauvais terrains. On suive
de temps en temps la ligne de picots

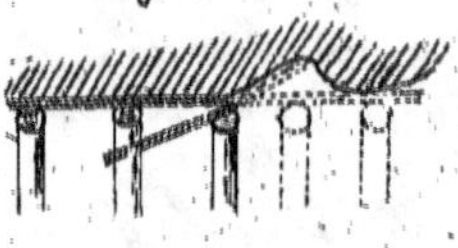

Fig. 52

si ces picots éprouvent trop de difficultés à pénétrer dans le terrain,
et on pratique une saignée dans
celui-ci. (fig. 52).

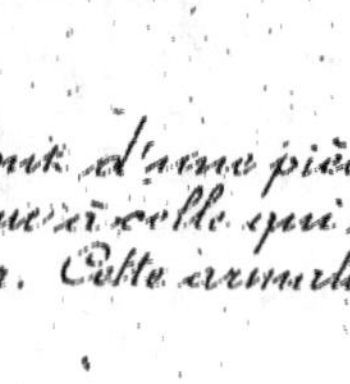

Percement en terrain inconsistant très aquifère.
Le bouclier employé sera alors
tout d'une pièce. On emploie une armature en fer analogue à celle qui sert dans certains tunnels de chemin de
fer. Cette armature sera poussée progressivement par des

vérins à vis, on établira directement derrière le bouclier la maçonnerie de la galerie.

Suivant la dureté on varie le profil des couteaux placés à l'avant du bouclier et qui pénètrent dans le terrain; ce sont en général des tranchants à forme hélicoïdale, qui agissent comme des vis. Le reste du bouclier est formé d'un cadre complet en fer; à mesure que le cadre quitte la maçonnerie, sur laquelle les vérins prennent appui on doit faire un nouveau tronçon de maçonnerie. Ce procédé a été employé pour les passages sous la Seine du Chemin de fer Métropolitain de Paris.

On pourra également appliquer le procédé à l'air comprimé ou la congélation.

B_ Revêtement des galeries.

Le vide créé doit être conservé, tel est le but du "boisage"; ce mot, pris dans son sens le plus général en matières de mines, s'applique aussi bien au revêtement fait avec du bois qu'à celui en fer ou en maçonnerie. Ces trois modes ne sont du reste pas toujours distincts et l'on trouve des combinaisons de bois et fer ainsi que de fer et maçonnerie.

Lorsque les galeries sont percées en terrains résistants, elles peuvent se passer de soutènement; on donne alors à la couronne une forme en voûte. Mais le plus souvent au bout d'un certain temps, il se manifeste des cassures dans le terrain et, surtout quand les galeries sont fort élevées, il est nécessaire de vérifier si des blocs ne sont pas prêts à tomber. Certaines roches se gonflent et "soufflent" au contact de l'air humide; dans d'autres il se produit des décompositions chimiques. Il est bon, par conséquent de faire un boisage quelconque, ne fut ce que de fixer une traverse maintenue solidement dans une cavité sur l'une des parois de la galerie, et fixée par un coin en bois de l'autre côté.

Boisage proprement dit.

Toutes les essences de bois sont employées indistinctement pour le soutènement dans les mines; mais celle qui est en général préférée, celle qui résiste le plus longtemps à la décomposition, c'est le chêne. Après lui, vient le pin du Nord dit « pin maritime » En Russie le hêtre est très en usage. Les bois tels que le charme, le bouleau et même le châtaignier sont plutôt à rejeter. Les bois, de quelque nature qu'ils soient, ne doivent pas être employés sitôt coupés, il est bon de les laisser sécher pendant un ou deux ans à l'air. On a employé également des « bois stérilisés » pour éviter le développement des moisissures dans les endroits humides. Il y a de nombreux procédés de stérilisation dont les plus courants sont : l'injection de créosote ou le badigeonnage au lait de chaux.

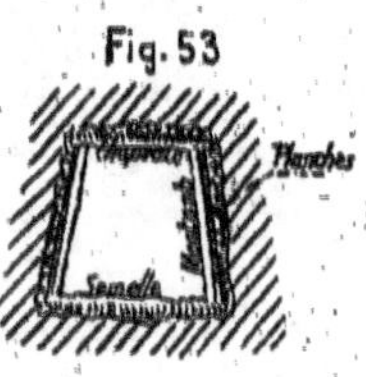

Dans les galeries le boisage se pratique en posant un cadre tous les mètres, si le terrain est moyennement solide. En cas de terrain peu solide, les cadres seront distants de 50 centimètres; avec des terrains ébouleux, les bois peuvent être jointifs. Le diamètre des bois doit être en rapport avec la nature des efforts qu'ils ont à subir : Il est en général de 15 à 20 centimètres.

Le cadre d'une galerie est formé de deux bois verticaux ou « montants » sur lesquels vient se placer un bois horizontal ou « chapeau » ou « bille » Quand la galerie est superposée à des remblais on met des bois transversaux sur le sol, qu'on appelle « semelles » (fig. 53) Les montants sont légèrement inclinés on leur « donne du pied » c'est-à-dire plus de stabilité.

Dans l'espace qui sépare chacun des cadres, on glisse derrière ces cadres, aussi bien sur les parois qu'au plafond de la galerie, une série de bois de petit diamètre et de faible longueur. Ces bois, qui peuvent former un garnissage plus ou moins complet suivant le mode de résistance du terrain, s'opposent à la chûte des pierres. On complète souvent soit avec des pierres plates, soit avec des débris de planches. On peut même faire un coffrage complet avec des planches, comme sur la figure 53 (p. 76); ou si le terrain est très ébouleux le garnissage se fait avec des fagots.

Dans une galerie horizontale, les cadres de boisage sont verticaux. Dans une galerie inclinée, les cadres doivent être normaux à la pente de la galerie. On les place même de manière qu'ils fassent un angle léger avec cette ligne dans le sens du glissement du terrain, de façon que celui-ci tende à les serrer contre les parois. En effet la première condition d'un bon boisage c'est l'adhérence parfaite au terrain.

La seconde condition à réaliser, c'est de bien tailler les bois. Il existe différents avis sur ce point. Les uns se livrent à des entailles multiples rappelant un travail de charpentier. Les autres ne font faire aucune entaille, si ce n'est à l'extrémité des montants verticaux et serrent ces montants au marteau, la pression ultérieure des terrains ayant tendance à appuyer de plus en plus les bois les uns contre les autres. En principe il vaut mieux ne pas entailler le bois horizontal, car il tendra à se fendre plus vite au point où il a déjà été coupé; et c'est lui qui supporte parfois la plus forte charge, notamment celle des remblais des chantiers superposés à une galerie de roulage. Les deux modes d'entaille les plus fréquemment employés sont le joint à "trait de Jupiter" (fig. 54) et le joint en "gueule de loup" (fig. 55).

Fig. 54

Fig. 55

Les semelles peuvent être placées longitudinalement de chaque côté de la galerie, afin qu'un affaissement local des remblais ne tende à provoquer la descente d'un bois isolé ou des deux bois d'un cadre. Dans un montage, au contraire une semelle transversale est très bonne, car on se rapproche alors des conditions d'un puits carré où les quatre parois sont à munir de soutènement.

Quelquefois le boisage d'une galerie est plus compliqué. Étant donné que les chapeaux sont les parties qui cassent le plus rapidement dans un cadre, on mettra longitudinalement et en leur centre, pour les préserver, un bois soutenu par deux jambes de force venant s'appuyer dans une entaille pratiquée sur les montants du cadre (fig. 56). Mais le système est défectueux, car le bois cassera, selon toute probabilité, au point précis de son entaille. Il vaut mieux supporter les jambes de force par deux bois longitudinaux, que soutiennent à leur tour des bois verticaux dressés sur le sol de la galerie (fig. 57); on a là un "boisage armé".

Revêtement en fer.

Le soutènement en fer se fait avec des poutrelles en double T, c'est à dire dont la section est I, qui pèsent 15 à 20 kilogrammes le mètre courant. Ces poutrelles se posent sur des montants en bois et en fer ou sur des piédroits en maçonnerie; on les réunit par de petites tiges de fer sur lesquelles on fait un garnissage complet avec des cailloux. Ces tiges ont en général un crochet à chaque extrémité pour mieux se fixer sur les poutrelles.

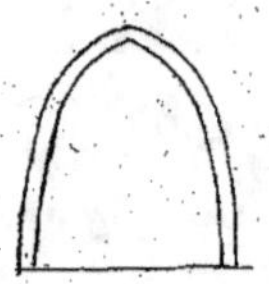

Si l'on veut faire un revêtement complet en fer il faut cintrer les armatures. On fabrique des cadres de deux ou trois pièces que l'on peut boulonner les unes sur les mitres. La galerie présente alors une forme ogivale (fig. 58 p. 78.) entre chaque cadre il y a du garnissage.

Le revêtement métallique est à recommander dans les galeries de retour d'air où les bois pourrissent rapidement et où il faut éviter de placer, loin de toute surveillance, un trop grand nombre d'ouvriers préposés à la conservation des galeries.

Il est à recommander aussi dans les galeries de roulage, quand la pression des terrains encaissants a donné tout son effort. Enfin il est précieux dans les mines où des incendies seraient à craindre.

Muraillement

Le muraillement se fait dans les parties de terrain peu résistantes que traversent les galeries, mais on ne l'opère que dans les galeries où le roulage doit avoir lieu pendant longtemps.

Le prix d'établissement est triple de celui du boisage; en revanche tout entretien est supprimé.

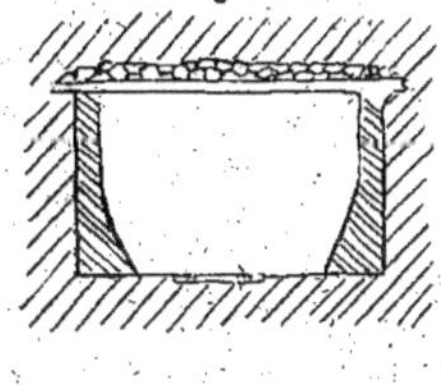

Dans les galeries, on emploie comme matériaux les roches provenant de l'avancement des travaux; on construit tout au moins ainsi les piédroits. Si l'on fait une voûte sur les piédroits, il vaut mieux faire usage de briques.

Fig.59

Les piédroits de la maçonnerie d'une galerie doivent avoir une certaine inclinaison, l'épaisseur étant plus forte à la base qu'à la tête (fig. 59) De la sorte, pour peu qu'il y ait une poussée latérale, le mur aura tendance à devenir complètement vertical sans culbuter comme s'il avait été fait vertical. Il faut toujours avoir soin d'ailleurs de ne laisser aucun vide derrière la maçonnerie, car ce serait au détriment de la conservation de cette maçonnerie.

On a proposé aussi et réalisé des formes concaves (fig. 60 p. 80), l'épaisseur de la maçonnerie redevenant au

Fig. 60

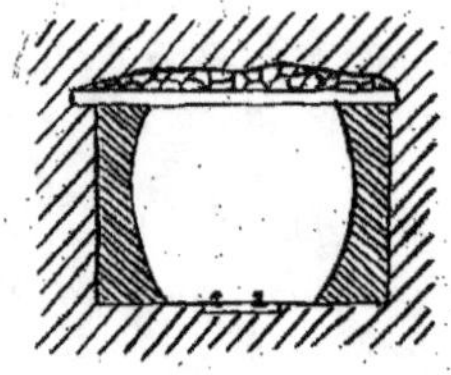

sommet ce qu'elle est à la base. Mais ce profil résiste moins bien à de fortes pressions. Il ne peut guère convenir que si l'on exploite des couches faiblement inclinées sur l'horizontale, où tout l'effort est localisé vers le centre des piédroits; et où aucune poussée n'existe à la tête de la galerie.

§ 3 _ Méthode d'exploitation.

Le puits étant creusé, le travers-bancs terminé et les galeries de préparation du gisement faites sur une assez grande longueur, il faut songer au mode d'exploitation.

Les méthodes choisies seront différentes suivant qu'il s'agira de couches de grande épaisseur, de couches de moyenne ou faible épaisseur où le gîte peut être pris en une seule tranche ce qui correspond à une épaisseur ne dépassant pas 4 mètres, ou enfin de filons, qui sont des gîtes voisins de la verticale.

A _ Principes généraux.

Substances de peu de valeur.

Si l'on doit exploiter des matières de peu de valeur on emploiera la méthode dite « des piliers abandonnés » Cette méthode est usuelle, quelle que soit l'épaisseur de la couche. On peut enlever sur une grande hauteur la substance utile et on laisse des massifs de protection qui constituent autant de déchet sur l'exploitation. Quelquefois on reprend quelques uns de ces massifs quand on revient sur ses pas, avant d'abandonner le gisement: l'opération est plutôt téméraire et dangereuse. Les Américains le font pour un grand nombre de leurs mines de houille, aussi souvent qu'ils le peuvent. Les quadrillages des piliers abandonnés peuvent être parfaitement réguliers

Fig. 61

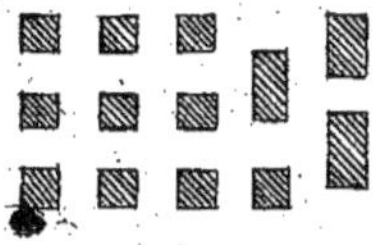

Il vaut mieux pourtant se guider pour l'épaisseur des massifs de protection sur les différences de résistance que présentera la roche aux divers points où on l'exploite. On perdra ainsi le minimum de matière utile (fig. 61)

En dehors de substances telles que les pierres de construction, le gypse, la craie, l'ardoise, on exploite ainsi le sel gemme et certains minerais de fer.

Exploitation rationnelle.

Dans tout autre cas que ceux qui viennent d'être examinés, une méthode rationnelle d'exploitation souterraine peut se ramener à deux lois uniques, lois aisément justifiables par les dimensions géométriques presque toujours constantes de la substance à exploiter.

L'exploitation se fera : ou bien suivant l'inclinaison ou bien suivant la direction

Si le gîte est puissant, on le dépouillera suivant une troisième dimension : son épaisseur ou largeur.

Telles sont les caractéristiques des méthodes d'exploitation de toute nature appliquées pour toute matière. On retrouvera toujours ces principes immuables, et la seule différence sera dans un groupement spécial des travaux. On peut dire ainsi qu'il y a autant de méthodes d'exploitation que de groupements particuliers des chantiers d'abatage.

Traçage

Ce qui caractérise chaque méthode d'exploitation, ce sera donc la manière dont sont coordonnés les travaux et dont sont conduits le "traçage" d'abord ou préparation des chantiers, le "dépilage" ensuite ou dépouillement de ce qu'a préparé le traçage.

Une concession minière comprend en général, plusieurs puits d'accès, ou bien plusieurs galeries de roulage placées à

flanc de coteau. Chacun de ces puits, chacune de ces galeries
aura un champ d'exploitation qui devra être limité rigoureusement, et dont l'importance sera fort variable.

Ce qui importe plus encore que les dimensions de ces
champs d'exploitation c'est la manière dont ils seront
dépouillés. Quelquefois on descend progressivement dans
le gîte, le plus souvent on partage le gisement en tronçons
qu'on prend ensuite en remontant. Ces tronçons ou "étages"
sont obtenus par des travers-bancs et des galeries d'allongement. La hauteur de ces étages peut être assez grande, 40
à 50 mètres, si le gîte est fortement redressé. Si le gîte est
plat, au contraire, il faut adopter une hauteur beaucoup
moindre, pour ne pas s'exposer à faire des montages de communication, qui auraient 150 à 200 mètres. Si la couche est
puissante, il y aura lieu de créer un ou plusieurs sous-étages.
Ce sous-étage n'aura pas de galerie aboutissant au puits, mais
il permettra d'exploiter plus vite la couche.

L'étage est aménagé par un travers-bancs inférieur, une galerie en direction à droite et à gauche, un
montage à droite et à gauche dans le gîte, jusqu'à la
rencontre des galeries en direction de l'étage supérieur et
dites "galeries de retour d'air" Ces galeries communiquent
avec le puits par le "travers bancs de retour d'air" placé aussi
à l'étage supérieur.

L'étage ou sous-étage est subdivisé à son tour
en quartiers par des galeries en direction et par des montages. Cette opération de traçage est souvent très développée,
d'autrefois elle est réduite au minimum, et l'on comprend
qu'ainsi se différencient les méthodes d'exploitation. Dans
les gîtes très inclinés le traçage est plus nécessaire que dans
ceux voisins de l'horizontale car la quantité du minerai
à enlever sera moindre dans le premier cas que dans le
second pour une même longueur horizontale. Dans les
charbonnages grisouteux le traçage est plus dangereux à
pratiquer, car les chantiers étant en cul-de-sac, mal aérés,
le grisou a tendance à s'y accumuler. Il faut alors pousser
deux galeries parallèles, à 4 mètres l'une de l'autre, ou les

réunit de temps en temps par une recoupe, de sorte que l'air peut circuler d'une manière rationnelle.

Dépilage.

Le traçage des galeries en direction et des montages a ainsi découpé un dernier dans les gisements. C'est ce dernier que dépouillent les dépilages. Ainsi que nous l'avons déjà dit un peu plus haut, le dépilage pourra être fait suivant l'inclinaison, ou suivant la direction, et dans le cas où la couche a plus de 4 mètres de puissance suivant la transversale. Toute exploitation peut ainsi se ramener à deux figures géométriques qui sont les suivantes:

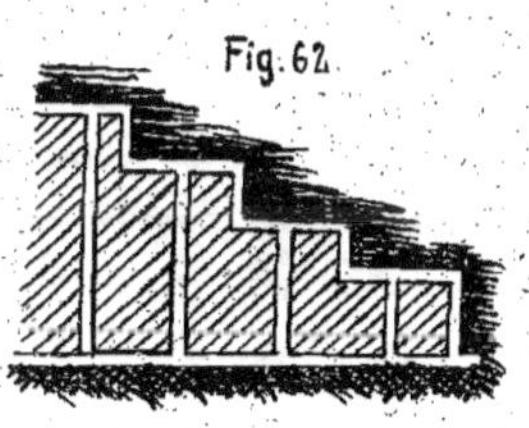

Fig. 62

"Tailles montantes" La figure 62 qui représente le plan des travaux, rabattu sur la couche elle-même, peut se concevoir avec plusieurs inclinaisons. Pourtant il ne faut pas dépasser un pendage de 30 à 35° car le travail devient dangereux pour l'ouvrier, des blocs pouvant se détacher et produire des accidents. Les fronts de taille sont réunis à la galerie de base par des galeries parallèles qui sont suivant l'inclinaison de la couche des cheminées, des plans inclinés, ou de simples voies montantes à faible pente. On voit donc qu'on appelle "taille montante" celle dont le front se déplace suivant l'inclinaison du gîte.

Les travaux peuvent du reste s'étendre à mesure que s'avancent les voies elles-mêmes c'est la "méthode montante ordinaire" On peut, au contraire, les réserver pour abattre les tronçons plus tard; on les prendra, lorsque le tracé des galeries aura été achevé sur 100 ou 150 mètres de hauteur et sur autant de largeur. C'est alors la "méthode montante avec rabatage. le rabatage se pratiquent en redescendant à l'inverse du sens de coupage des voies, qui se fait toujours en montant.

Fig. 63

On peut, dans un gîte un peu incliné, tracer des voies à demi-pendage, afin de n'avoir pas la pente complète du gîte pour le roulage (fig 63). Dans ce cas les tailles montent également suivant une ligne de demi-pendage, au lieu de suivre la ligne de plus grande pente.

« Tailles chassantes »

Dans une taille chassante le front de taille avance suivant une ligne perpendiculaire à la ligne de plus grande pente du gîte; c'est à dire horizontalement. Ce cas peut s'appliquer à toutes les inclinaisons de gisement depuis la verticale jusqu'à l'horizontale. Les cheminées, plans inclinés ou simples voies montantes du cas précédent, ne sont plus aussi nombreux (fig. 64) chacun d'eux dessert plusieurs tailles par l'intermédiaire de galeries horizontales

Fig. 64

Dans la « méthode chassante ordinaire » le dépilage se fait à mesure de l'avancement des voies. Dans la « méthode chassante avec rabatage » le dépilage ne se pratique qu'après avoir fait un certain coupage préalable de voies montantes et horizontales.

A ces exemples se ramènent tous les modes d'exploitation employés dans les gîtes dépouillés en une seule tranche. Pour un gisement puissant qu'il faut prendre en plusieurs fois; il y a une troisième dimension, celle de la largeur dont il faut tenir compte pour décomposer le gîte en quadrillages; on découpe alors la couche

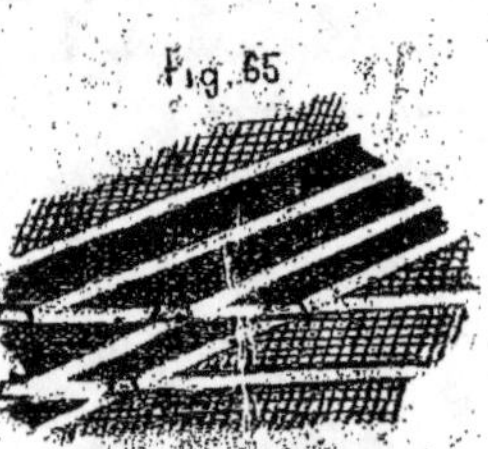

Fig. 65

en "tranches inclinés" par des gale-
ies suivant l'inclinaison (fig. 65)
en " tranches hori-
zontales" par des galeries horizontales (fig. 66) Chaque tranche est alors
traitée comme une couche mince ou
genne par la méthode des tailles montantes ou chassantes.

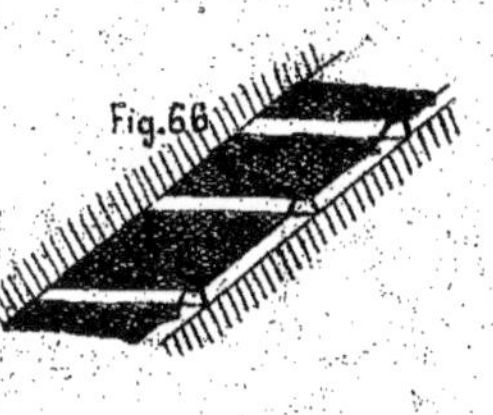

B — Choix d'une méthode d'exploitation

En thèse générale on peut dire que les tailles chassantes se prêtent bien à toutes les irrégularités d'un gisement, elles
ne sont pas aussi rigides que les tailles montantes. Celles-ci,
au contraire, dans un gîte bien régulier permettent un dépouillement beaucoup plus rapide; mais dans un charbon fortement
grisouteux elles seront à rejeter en raison de leur défectuosité
plus grande d'aérage.

Que ce soit taille montante ou taille chassante, le mode
de groupement des chantiers pourra varier à l'infini. Si la pente est faible, il vaudra mieux mettre un plan incliné de plus
pour diminuer la longueur des galeries de roulage. Mais si la
pente atteint 15 à 20° l'établissement d'un plan incliné et son
entretien deviennent fort coûteux, il faudra alors espacer les
plans inclinés. On ne peut décider à l'avance, car cela dépend
également de la régularité et de la solidité du gîte; il y a lieu
de tâtonner quelque peu jusqu'à ce qu'on ait trouvé la formule
s'appliquant réellement le mieux au gîte à exploiter.

Et puis il y a de nombreuses autres raisons qui agi-
ront sur le choix de la méthode.

Longueur des tailles.

Pour déterminer la longueur des tailles, il faut d'abord
tenir compte de l'inclinaison. Si elle est faible pour n'avoir
pas un roulage long et pénible des produits, il faut des fronts
de taille courts, mais on multiplie le nombre des plans inclinés
d'où difficultés dans le roulage, il y a donc une limite à ne pas
dépasser. Si la pente est grande, comme il faut alors le moins

inclinés possible, on est conduit à allonger les tailles.

La puissance de la couche intervient aussi. Si elle atteint $1^m,50$ ou 2 mètres, on ne pourra pas accroître au-delà d'une certaine limite la longueur des tailles, car il pourrait être difficile de remblayer le vide créé, à moins que l'on ne dispose de remblais provenant de l'extérieur. De même, dans un gîte vertical, les tailles chassantes qui prennent en une seule fois une couche de 3 à 4 mètres d'épaisseur, doivent être de faible hauteur, de manière à opérer un dépouillement plus rapide et à éviter les éboulements des épontes.

De la longueur trouvée bonne pour la taille dépendra, en général, la hauteur de l'étage ou du sous-étage.

Gîtes en dressant.

Une question spéciale qui se pose pour les gîtes en dressant ou à demi-pendage est de savoir si on emploiera des cheminées ou des plans inclinés à chariot porteur. Les cheminées, étant moins coûteuses, permettent d'obtenir des prix de revient plus faibles, mais le produit extrait se brise plus et si c'est du charbon il se vendra à un prix inférieur.

Une autre question est de savoir s'il faut faire du remblayage. Dans le cas où la pente ne dépasse pas 45° on peut pratiquer des "chambres d'éboulement" sans remblayer, mais il faut alors un boisage très complet, et il y a toujours danger pour les ouvriers par suite des vides considérables qui se trouvent derrière eux. Pour une pente dépassant 50° il faudra remblayer; mais alors passera-t-on sous les remblais ou montera-t-on par dessus eux ? Le premier mode plus dangereux évite les tassements de la couche. Le second mode plus sûr, nécessite moins de soins dans le boisage, et est pour cela le plus généralement adopté.

Passage des bois et du personnel.

Il est dangereux de permettre aux ouvriers de circuler sur les plans inclinés, où ne doivent passer que les surveillants et ceux qui sont chargés d'en assurer la manœuvre ou l'entretien. Il est bon d'avoir, sur les côtés, des montages parallèles pour les ouvriers qui ont à traîner leurs bois. Pour les dressants cette galerie de passage s'impose : on la munit alors d'échelles et l'on place au sommet une petite poulie qui, au moyen d'une corde, facilite la montée ou la descente des bois. Si l'on a dû creuser des cheminées pour amener les remblais, un des côtés de ces cheminées à remblai servira alors pour le passage du personnel.

Pour un gisement en plateur, on ménagera à travers les remblais un passage pour les hommes, sans qu'on soit obligé d'en prévoir un à côté de chaque plan incliné ; néanmoins il est bon de multiplier les passages pour le transport des bois, afin d'éviter l'encombrement et les pertes de temps.

Foudroyage.

On appelle "foudroyage" le dépilage effectué sans mettre de remblais à la place du vide créé par l'enlèvement de la matière utile.

Si on pratique le foudroyage dans des couches de moyenne puissance, le foisonnement produit par l'éboulement est suffisant pour combler largement les vides. La propagation de l'éboulement en hauteur n'est pas indéfinie, et si la couche se trouve à grande profondeur, la dénivellation peut être localisée aux terrains avoisinant la couche.

Le foudroyage donne des affaissements à la surface, surtout quand on le pratique sur des couches assez épaisses et présentant un certain pendage.

Le grand avantage du foudroyage est l'économie qu'il permet de réaliser dans le prix de revient ; il sera donc plus utile pour les matières (charbon ou minerai de fer) qui ont une valeur marchande peu considérable. En revanche le foudroyage présente de nombreux dangers ; éboulements possibles compromettant la sécurité des ouvriers ; entraînement de matière qui se décompose et provoque un incendie, s'il s'agit de couches de houille ; enfin dans les mines grisouteuses formation de poches où le grisou s'accumule.

Remblayage.

Aussi est on souvent amené à faire du remblayage. C'est une grosse dépense dans toute exploitation.

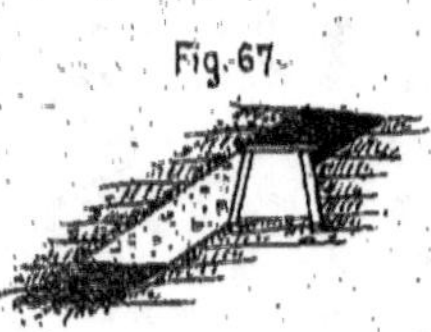

Fig. 67.

Le remblayage est toujours fait dans les gîtes présentant moins d'un mètre d'épaisseur, car le percement des voies de roulage à la hauteur de 1m80 donne une certaine quantité de stériles que l'on doit rejeter au milieu de la taille.

Si l'on a un excès de ces terres stériles au lieu de les remonter à la surface, on découpe suivant l'inclinaison 3 ou 4 mètres de gîte sous cette voie pour y mettre les terres (fig. 67). C'est ce qu'on appelle faire une "taille costresse" ou prendre en fond le minerai.

Dans les couches dont la puissance atteint 2 mètres, il faut amener des remblais pour remplir les vides, car la méthode courante dans certains pays qui consiste à laisser les menus charbonneux au fond de la mine en guise de remblais est des plus imprudentes et peut provoquer des incendies. Ces remblais viendront des travaux préparatoires ou des travers bancs; ou bien ils seront fournis par des travaux spéciaux de la surface si la proportion nécessaire devient très considérable, c'est le cas des couches puissantes exploitées par tranches que l'on remblaie au fur et à mesure de leur dépilage, pour prendre la tranche suivante.

Les remblais de la surface pourront être des résidus de fabrication métallurgique, ou des schistes de triage de la houille, ou des matières argileuses extraites des carrières placées près du puits.

La descente des remblais se fera par le puits d'extraction jusqu'à une profondeur de 60 mètres, la descente des wagons pleins de remblais pourra servir à remonter les vides, elle se fera pendant les arrêts de l'extraction. Si la profondeur à laquelle il faut descendre les remblais est plus grande il faut modérer la vitesse de descente, on se sert d'un moteur d'extraction auquel on fait "battre contre vapeur" c'est-à-dire qu'on l'utilise comme frein en lui faisant comprimer la

vapeur qu'il reçoit des chaudières. Mais on peut faire la descente pendant la période d'extraction, en même temps que re-
montent les minerais, la modération
de l'   est alors faite d'elle même
et le roulage des remblais à l'étage
du retour d'air doit se faire à contre-
pente, les voies ayant été faites avec
une certaine pente vers le puits, 5 millimètres en moyenne par mètre, aussi
vaut-il mieux quand on les établit
diminuer cette pente le plus possible,
en conservant seulement 1 ou 2 millimètres pour l'écoulement des eaux.
La descente des remblais au chantier
se fait par des cheminées (fig. 68) que
l'on maintient toujours pleines, et
où un compartiment muni d'échelles sert à la circulation du personnel;

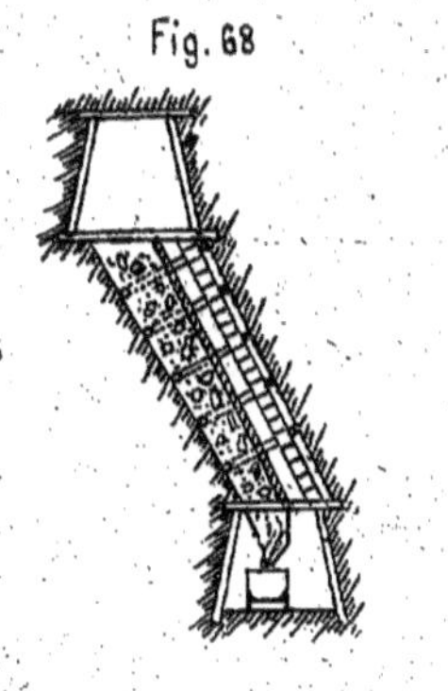

elle peut se faire aussi par des plans inclinés à chariot porteur.

Le remblai arrivé dans le chantier doit être mis en
place. Pour les gîtes en dressant la mise en place s'effectue
par l'action de la pesanteur; pour les gîtes en plateur on
construit des murs en pierres sèches, derrière lesquels on entas-
se les remblais.

Remblayage hydraulique

Les remblais ordinaires se tassent peu à peu de sorte
qu'il finit par se produire des affaissements à la surface et
à l'intérieur de la mine. Pour remédier à cet inconvénient
on emploie le « remblayage hydraulique » Le principe du
procédé consiste à conduire directement dans la mine du
sable, de la terre, des cailloux, du laitier des boues de lavage
à l'aide de tuyaux partant de la surface; d'où le nom
« d'embouage » qu'on lui donne souvent.

L'installation est très simple, quoique assez chère dans
son ensemble. Les matières sont jetées dans une trémie formée
par un grillage à mailles de 10 centimètres, pour arrêter les gros

morceaux. L'eau arrive au-dessus de la trémie, du bas de laquelle part le tuyautage ménagé dans le puits et dont les branchements aboutissent aux chantiers d'abatage. Dans ces chantiers, le remblai est retenu par des barrages en bois rendus hermétiques avec du foin ou du fumier. L'eau filtrant à travers les barrages se rend à un bassin de clarification et est reprise par les pompes.

On a pu réduire ainsi beaucoup les tassements et les faire passer de 30 % à 5 %.

Chapitre VII.

Exploitations spéciales.

Quelques gisements particuliers peuvent se passer de travaux préparatoires ; leur mode d'exploitation diffère aussi quelque peu des méthodes que nous venons d'indiquer. Les procédés d'abatage ne sont plus les mêmes ; ceux de soutènement aussi, puisqu'il n'y a pas de galeries. Ce sont les travaux à ciel ouvert à flanc de coteau, ou en profondeur, l'extraction du pétrole ;

l'extraction de la tourbe ;

Nous allons donner quelques renseignements sur ces 4 gisements particuliers.

A — Exploitation à flanc de coteau.

Si le gisement à dépouiller se trouve à flanc de coteau les difficultés sont réduites au minimum. Il s'agit alors uniquement de bien disposer les plans inclinés qui descendront le minerai et d'organiser les moyens de transport pour obtenir une grosse production.

Exploitation ordinaire.

On attaque le gîte par gradins successifs. Chaque gradin est desservi par son plan incliné. Il faut dépouiller plus activement les gradins supérieurs afin de ne réformer sur un gradin inférieur le plan incliné desservant le gradin supérieur que lorsque ce gradin supérieur est entièrement terminé comme exploitation. Il faut aussi placer le plan incliné de manière à ne pas gêner l'abatage dans les gradins inférieurs.

Comme moyens de transport on emploiera les plans inclinés dont la description sera faite plus loin.

Exploitation hydraulique.

Cette méthode est surtout appliquée à l'abatage des alluvions aurifères, mais elle convient aussi pour tous les alluvions des métaux lourds tels que l'étain ou le platine.

Le principe consiste à désintégrer la roche par un jet d'eau sous pression et à diriger les déblais vers des canaux ou "sluices" où le métal qui y est contenu se dépose grâce à sa pesanteur. Pour appliquer avec fruit la méthode, il faut une grande quantité d'eau.

Si les alluvions sont très consistants, on prépare leur abatage par des coups de mine.

Les déblais enlevés ont un cube important; il faut donc prévoir un emplacement suffisant pour les accumuler, ce sera, en général, le fond de la vallée.

B — Exploitation en carrière.

L'exploitation se fait en partant de la surface et en descendant progressivement à l'intérieur du sol.

On fait d'abord le "découvert", c'est-à-dire on enlève la terre végétale qui recouvre la substance à exploiter sur une grande longueur, afin de mettre à nu la plus grande quantité possible de minerai.

Méthode d'exploitation

On descend ensuite par gradins dans le gîte. Ces gradins seront parfaitement horizontaux et placés au même niveau pour le transport des produits; ils communiqueront avec le niveau du sol par des plans inclinés

Remonte des produits.

Elle se fait sur des plans inclinés à la tête desquels se trouvent des moteurs à vapeur, à air comprimé, ou électriques

Si la profondeur est grande pour éviter d'avoir des plans trop inclinés on remplace par un système à câble aérien : un câble-guide et un câble tracteur (fig. 69).

On peut aussi installer des grues à vapeur.

Evacuation des eaux.

Pour réaliser le meilleur mode d'écoulement des eaux on attaque le gisement par le point le plus bas quand on peut, de manière que les gradins successifs se développant en montant soient toujours au sec.

Les eaux se réunissent au point le plus bas de l'exploitation, on y installe une pompe, ou l'on fait un tunnel d'écoulement vers une autre vallée.

Emplacement des déblais.

L'emplacement des déblais devra être choisi de manière qu'il ne se trouve pas sur le prolongement du gîte, et qu'il soit cependant le plus près possible du front d'attaque pour diminuer les frais de transport.

On ne peut descendre indéfiniment en carrière; au-delà d'une certaine limite l'exploitation souterraine devient plus avantageuse. Néanmoins on a pu atteindre 100 à 120 mètres

C _ Extraction du pétrole.

L'exploitation du pétrole se fait au moyen de puits si la nappe pétrolifère n'est pas plus profonde que 50 à 60 mètres. L'huile minérale est remontée dans des seaux manœuvrés par un treuil à bras.

Si l'on doit rencontrer la nappe à 80 ou 100 mètres on fait un sondage que l'on tube.

En général le pétrole est jaillissant comme l'eau des puits artésiens, on le capte à la sortie du tubage. Si la pression n'est pas assez forte pour qu'il jaillisse, on a recours à des pompes munies de soupapes à boulets, qui sont placées au fond du trou de sonde et commandées par le balancier du sondage.

D _ Extraction de la tourbe.

On peut assécher le marais tourbeux, on y découpe les briquettes de tourbe par une bêche à deux tranchants. S'il faut exploiter sous l'eau à faible profondeur, on découpe encore des prismes avec un outil plus long; si la tourbe est à grande profondeur, on l'extrait au moyen de dragues.

Chapitre VIII

Extraction du minerai.

La méthode d'exploitation étant choisie, il reste désormais à s'occuper d'extraire le minerai.

Comment le minerai va-t-il tomber à terre? Comment sera-t-il chargé en wagonnet?

Comment sera-t-il roulé à travers les voies souterraines?

Comment enfin sera-t-il ramené à la surface? Ces questions sont celles auxquelles répondra ce chapitre. Et il suffira pour cela de parcourir en sens inverse les puits et les galeries où l'on avait pénétré progressivement pour se rendre compte des moyens mis en œuvre en vue de la préparation d'une exploitation.

§ 1 – Abatage.

L'abatage est l'opération la plus coûteuse de toutes celles qui concernent l'art des mines, surtout s'il s'agit de filons métalliques. Pour la houille, si la dépense est moins élevée, il n'en faut pas moins organiser les chantiers d'une certaine manière et choisir à propos les outils perforateurs comme dans le cas des minerais durs, de manière à réaliser le plus bas prix de revient possible.

Travail au chantier en terrain tendre.

Il faut distinguer deux opérations distinctes : la coupure et l'abatage, autrement dit le traçage et le dépilage. C'est le cas de la houille.

La coupure prédomine dans une galerie; il y a coupure à droite et à gauche le long des parois; c'est l'opération qui demande le plus d'efforts à l'ouvrier.

L'abatage est prépondérant dans une taille. Pour le faciliter on peut profiter des plans de clivage de la couche, s'il en existe. Généralement pour abattre on commence par "sous-caver" en faisant un "havage" c'est-à-dire une coupure à la base de 50 centimètres ou 1 mètre de profondeur suivant la dureté puis on trace deux coupures verticales ou "rouillures" de chaque côté du bloc à enlever (fig. 69); enfin on arrache ce bloc en exerçant une poussée avec le pic ou en plaçant des coins sous le toit. Au lieu de sous-caver on peut faire le havage à la partie supérieure

Fig. 69

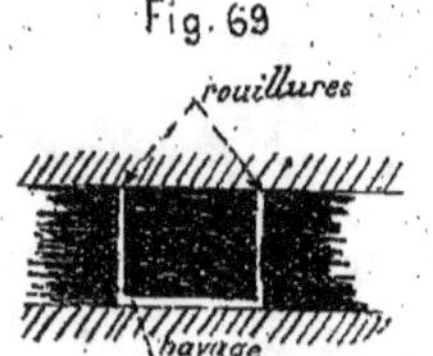

Travail au chantier en terrain dur.

Le travail consiste aussi en traçage et dépilage c'est le cas d'un filon.

Le traçage se fait à l'aide de l'explosif. On dispose les trous de mine comme nous l'avons déjà dit plus haut au percement des galeries : au centre deux ou trois trous convergents qui formeront le côné autour duquel on place une ou deux couronnes d'autres trous en nombre variable suivant la dureté des terrains, on fera sauter d'abord les trous de la tête, et enfin ceux du sol. La profondeur du trou sera d'autant plus faible que le terrain est plus dur ; elle pourra varier ainsi de 30 centimètres à 2 mètres.

Le dépilage se fera aussi avec l'explosif, après qu'on aura dégagé avec les outils à main une certaine partie de terrain au toit ou au mur de la couche.

Boisage et triage.

Le boisage doit être soigné.

Pour la houille, on pose sous le toit à 1 mètre de distance les uns des autres, des bois de 2m50 de longueur appelés "rallonges" (fig. 70) que l'on soutient par trois autres bois, appelés "pilots". Les rallonges sont serrées avec de petits coins en bois. Si le terrain est très mauvais, l'intervalle entre chaque rallonge est garni de petits bois appelés "coolimbes". Si, au contraire, le terrain est assez résistant, on supprime les rallonges et on ne met que de rares pilots de place en place. On peut employer des rallonges en fer, qui servent indéfiniment.

Pour un filon ou un gîte voisin de la verticale, le boisage des dépilages permet aux ouvriers de s'échafauder sur des planches pour mieux travailler.

Le boisage fait dans le chantier, on comble le vide avec du remblai, ou bien on laisse ébouler le toit ; ce sont les deux opérations de "remblayage" ou de "foudroyage" que nous avons décrites précédemment.

Il faut enfin faire le triage du minerai abattu. Les planches que l'on place dans les gradins droits ou renversés des filons sont appropriées à ce but et permettent un premier "scheidage" au fond de la mine. Si le gîte est moins incliné, dans le cas de la houille notamment, on fixera verticalement sur les bois du chantier des planches au devant desquelles on gardera le charbon et derrière lesquelles on rejettera le stérile. Il est bon de soigner le plus qu'on pourra les moyens appropriés à un triage soigné de la substance abattue; le charbon ne sort jamais trop propre de la mine, et le minerai n'est pas non plus trop pur, ou trop bien classé, en catégories diverses, s'il est de matière complexe.

Après avoir décrit la synthèse du travail d'abatage, suivant qu'on opère en terrain tendre ou en terrain dur, nous allons étudier les quatre cas qui peuvent se présenter suivant que le travail se fait à la main avec ou sans l'aide des explosifs, ou qu'il se fait à la machine avec ou sans explosifs.

A – Abatage à la main sans explosifs.

Les outils qui servent à l'ouvrier pour l'abatage du minerai sans l'aide des explosifs sont: le "pic", la "pioche", la "pelle" la "rivelaine", le "marteau à pointe" les "coins" en fer, la "pince de terrassier".

Fig. 71

Pic.

Il n'a qu'une pointe; il est légèrement cintré et fait d'un métal résistant, acier de bonne qualité, qu'on peut tremper à nouveau, dès qu'on a reforgé la pointe qui était émoussée. Dans les terrains durs, le pic doit avoir un poids de 2 à 3 kilogrammes. (fig. 71)

Pioche.

La pioche est souvent préférée dans certaines régions; son poids est plus élevé: 5 kilogrammes, aussi l'ouvrier peut-il

Fig. 72

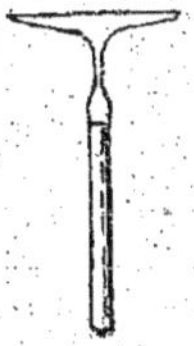

exercer un plus grand effort sur la roche. Mais le maniement de cet outil n'est pas toujours facile quand on manque de hauteur.

Rivelaine.

C'est un outil spécial à l'abatage du charbon, formé d'une barre de fer plat rectiligne, munie de deux pointes et emmanchée en son milieu. C'est avec elle qu'on fait le "havage", c'est à dire la coupure suivant une stratification plus tendre qui existe entre les dépôts d'une même couche (fig. 72)

Pelle.

La pelle sera de section semi-circulaire ou bien rectangulaire, son manche est court pour la rendre maniable dans les chantiers de faible hauteur. Elle pèse de 2 à 3 kilogrammes

Marteau à pointe (fig 73)

C'est également un outil spécial aux charbonnages. C'est une sorte de rivelaine plus résistante et plus courte. Il sert à couper les parties dures de la couche de houille le soit verticalement, soit horizontalement. Il pèse environ 1 kilogramme.

Fig. 73

Coins.

Ils sont de deux sortes : coins carrés et coins triangulaires ou plats coins. En enfonçant un plat coin à coups de marteau entre deux coins carrés, on écarte ceux ci et la roche se fendille, on réalise ainsi "l'aiguille infernale" dont l'effet est plus grand que celui d'un seul coin (fig. 74).

Fig. 74

Les "brises-roches" sont des outils analogues à l'aiguille infernale, dont le principe consiste à faire glisser le long d'une tige un poids qui par sa force vive fait pénétrer un fleuret ou un coin dans la roche. Ils peuvent parfois remplacer les coups de mine.

Pince de terrassier.

Elle sert à soulever les gros blocs et aide à enlever ces blocs quand ils ont été préalablement détachés. C'est un levier en fer de grande longueur.

B. — Abatage à la main avec explosifs.

Il faut ici des outils spéciaux pour préparer les trous de mine ou faire le "forage".

Outils de forage.

Les outils employés pour le forage sont la masse et le fleuret.

La "masse" ou "marteau à tête" (fig. 75) est plus ou moins lourde suivant que le travail de forage s'opère avec un ou deux ouvriers. Le poids varie entre 2 et 3 kilog. dans le premier cas et entre 4 et 5 kilogs dans le second.

Les "fleurets" ou "batrouilles" (fig. 76) se font en acier résistant; leur section est polygonale. Leur extrémité est munie d'un tranchant de forme variable, mais toujours d'un diamètre plus grand que la tige, afin que cette tige puisse tourner aisément dans le trou de mine. On emploie le plus souvent pour le tranchant une forme triangulaire avec facettes symétriques par rapport à l'axe pour permettre une rotation rapide et un dégagement facile des poussières. L'angle des faces du taillant doit être voisin de 30°. Les formes de taillant sont assez nombreuses, mais il faut éviter d'avoir sur les côtés, pour le forage dans les terrains durs, des angles trop vifs susceptibles de casser brusquement.

La longueur des fleurets varie de 40 centimètres à 2 mètres. Leur diamètre est de 25 à 30 millimètres. Chaque ouvrier a toujours à sa disposition une certaine quantité de fleurets du même type qu'il emploie successivement en partant du plus court, de sorte qu'il peut forer de 10 à 15 centimètres avec chacun.

Le travail de forage se conduit ainsi. À mesure que le choc est donné avec la masse, l'ouvrier tourne le fleuret; il a soin de verser, à courts intervalles, un peu d'eau pour délayer les poussières qui peuvent coincer l'outil; cela refroidit en même temps l'outil, qui a moins de tendance à se détremper. Le travail se fait à un ou deux hommes. S'il n'y a qu'un homme l'ouvrier frappe d'une main et tourne le fleuret de l'autre; c'est assez fatiguant et la mine est forée moins profondément. S'il y a deux hommes l'un d'eux tourne le fleuret, tandis que l'autre frappe à la volée et des deux mains avec une masse lourde, comme le fait l'aide-forgeron; les trous de mine peuvent être poussés à une plus grande profondeur, et l'effet des explosifs sera meilleur.

Explosifs de mine.

Les trous étant tous préparés dans une galerie ou sur le front de taille d'un chantier il ne reste plus qu'à faire sauter le terrain, en chargeant ces trous avec des explosifs. Les matières employées sont de quatre sortes:

les poudres de mine;

les produits à base de nitroglycérine c'est-à-dire les dynamites;

les substances détonantes à corps actif nitré,

enfin les mélanges chloratés.

Au point de vue des efforts produits, il y a une différence notable entre ces divers explosifs, notamment entre les poudres de mine et la dynamite. La poudre brûle, les autres explosifs détonnent, et ne peuvent le faire que sous l'influence d'un choc, de la chaleur ou d'un "détonateur" comme le fulminate de mercure.

Poudre de mine.

La poudre de mine agit de bas en haut: aussi a-t-on

marginé des trous de mine plus larges à la base, la poudre brû
le alors dans une chambre d'air et non dans un espace clos, de sorte
que la combustion est plus complète et le rendement atteint
75 % au lieu de 55 %. On obtient un effet analogue en chargeant
deux ou trois fois le même trou avec des quantités progressives
de poudre; il se produit des fissures où la poudre peut se
répandre, et son travail balistique est beaucoup mieux mar-
qué

La poudre de mine est composée de charbon de son
bois et de salpêtre. On l'emploie sous forme de grains, ou de cartouches cylindriques de poudre comprimée.

Le chargement doit toujours s'opérer avec précaution.
On commence par bien assécher le trou de
mine et par le nettoyer avec la "curette" ou
"cuiller", fig. 77. On introduit alors la poudre
en grains ou en cartouches et on met la mèche
soufrée, qui servira à l'allumage, en la noyant
au milieu des grains ou dans la dernière cartouche introduite. Sur la charge, on met un
petit tampon de papier puis on bourre légèrement d'abord, plus fort ensuite. On emploie
de l'argile humectée d'eau et sans cailloux.
Le bourrage se fait avec un bourroir (fig. 78) en
bois jamais en fer; il faut bourrer soigneusement en évitant de couper la mèche et ne laisser subsister aucun matelas d'air.

Il ne reste plus qu'à allumer la mèche
soufrée, dont la longueur sera calculée de manière que les ouvriers aient le temps de se mettre à l'abri assez loin. Cette mèche brûle à raison
de 50 centimètres par minute. Un seul homme
doit rester pour l'allumage des mines quel qu'en soit le nombre. Un ouvrier doit se trouver à chacun des accès vers le
coup de mine pour en interdire le passage.

La poudre de mine ne peut exploser dans les terrains
aquifères, dans le charbon elle est interdite si la mine est
grisouteuse, dans les terrains très durs sa force explosive n'est

pas toujours suffisante, aussi est elle de moins en moins employée

Dynamite.

C'est l'explosif qui a battu en brèche la poudre de mine, car sa force explosive est environ triple; et elle peut s'employer dans les terrains aquifères.

La dynamite agit de haut en bas en donnant tout son effort sur le fond du trou de mine. Elle agit bien dans les roches homogènes qu'elle brise en fragments multiples; mais dans les roches fissurées ou argileuses la poudre de mine a un meilleur rendement.

La base de la dynamite est la nitroglycérine, corps explosif très dangereux, impossible à transporter. Aussi la mélange-t-on avec un sable siliceux qui en atténue les effets et la rend maniable et transportable. Suivant les proportions du mélange on obtient les dynamites N° 1, N° 2, N° 3. etc......

On peut également ajouter un autre explosif le fulmi coton qui augmente la force explosive, on obtient ainsi la dynamite-gomme.

Les diverses dynamites sont livrées en cartouches de 120 millimètres de longueur et 18 millimètres de diamètre pesant environ 96 grammes.

La dynamite est doublement dangereuse: par le froid les cartouches gèlent, par la chaleur elles exsudent; dans les deux cas il y a séparation de la nitro-glycérine, c'est pourquoi une cartouche gelée ne doit être dégelée qu'avec précaution sans l'approcher du feu.

Pour éviter la gelée, on conserve les cartouches dans des dynamitières souterraines

Le chargement d'un trou de mine à la dynamite se fait en plaçant les cartouches les unes sur les autres, en ayant soin de déchirer le papier enveloppe aux extrémités pour mieux assurer le contact des cartouches entre elles et de comprimer la dynamite qui est une matière plastique de manière qu'elle emplissent complètement le trou de mine. On met en dernier lieu une cartouche amorce c'est à dire portant une capsule de fulminate de mercure dans laquelle est sertie la mèche soupée, sectionnée nettement pour assurer un contact parfait avec le fulminate. La capsule est maintenue par le papier replié de la cartouche, serré avec une ficelle, pour éviter qu'elle ne sorte de la cartouche. Une fois la charge introduite, on bourre légèrement d'abord, puis plus fort, mais sans employer le marteau comme pour la poudre de mine.

Explosifs nitrés.

Les grands dangers présentés par la dynamite et la proportion de fumées nocives qu'elle donne ont fait adopter l'emploi d'autres explosifs dont la base est le nitrate d'amoniaque. Ces explosifs sont de deux sortes : Explosifs de sécurité ou grisoutines. Ils sont employés dans les mines grisouteuses et poussiéreuses, car leur température d'inflammation se trouve inférieure à celle où le grisou ou les poussières mélangées en proportion voulue avec l'air, sont susceptibles de détoner. Ils sont constitués par des mélanges de nitrate d'ammoniaque avec de la dynamite $N°1$, ou de la dynamite-gomme, ou du fulmi coton, ou de la nitrobenzine ou de la nitronaphtaline (deux substances explosives analogues à la nitroglycérine). Les principaux explosifs de sécurité employés dans les mines françaises sont la grisou-dynamite et la grisou-naphtalite avec deux variétés différentes pour le rocher et pour la couche. Dans les mines grisouteuses des précautions toutes spéciales doivent être prises pour l'allumage des mèches ; il faut éviter les étincelles en coiffant l'extrémité de la mèche d'un briquet à cir, ou bien en employant le tir électrique.

Explosifs de sûreté. Ce sont des explosifs qui peuvent résister à un choc, de quelque nature qu'il soit, ou à l'inflammation produite par une substance autre qu'un corps détonant lui-même, comme le fulminate de mercure. Le plus connu d'entre eux est la poudre Favier qui est un mélange de nitrate d'ammoniaque et de nitronaphtaline. Le mode d'emploi est le même que celui de la dynamite.

Explosifs chloratés.

Ce sont également des explosifs de sûreté, mais l'insen-

...sibilité au choc est cependant moins grande. Le plus employé est la cheddite; c'est un mélange de chlorate de potasse, de nitronaphtaline et d'huile de ricin; ce dernier corps diminue la sensibilité au choc et l'inflammabilité de la composition. Le seul inconvénient est qu'au bout d'un certain temps le chlorate de potasse se dissocie et l'explosif a tendance à s'enflammer spontanément.

Tir électrique

Quand on veut obtenir un effet plus puissant, on fait sauter simultanément plusieurs mines. On peut employer pour cela le cordeau détonant à la place de la mèche soufrée; c'est un cordon de mélinite qui brûle avec une vitesse très grande de sorte qu'il suffit de réunir les diverses mines par ce cordeau et de l'enflammer par une capsule de fulminate pour faire sauter toutes les mines à la fois.

Mais on peut également faire usage du tir électrique dans lequel l'inflammation des cartouches explosives est déterminée par l'incandescence d'un fil de platine sous l'influence d'un courant, ou par l'étincelle produite entre deux fils de cuivre placés à faible distance et agissant sur une matière inflammable en contact avec le fulminate. On réunit les différentes amorces par des fils électriques et l'on produit l'allumage au moyen d'un courant électrique. Ce courant est pris à une canalisation électrique dans la mine, s'il en existe une, ou est obtenu par une pile, une petite dynamo, ou un électro-aimant.

Allumage chimique

Son but est d'écarter le danger d'inflammation d'un mélange grisouteux. Son principe est d'opérer un dégagement de chaleur au moyen d'une réaction chimique produite à l'intérieur du trou de mine et au contact même de l'amorce. Diverses réactions sont utilisées, dont la plus courante est l'action de l'acide sulfurique sur un mélange de chlorate de potasse et de sucre. La réalisation pratique n'est pas toujours aisée, en ce qui concerne la retraite des ouvriers.

C – Abatage à la machine sans explosifs.

L'abatage mécanique a été essayé pour divers gisements miniers. Pour le charbon on se sert de haveuses en Amérique surtout, en raison de la cherté de la main-d'œuvre. Pour le travail au rocher dans les travers bancs on emploie les bosseyeuses. Dans les carrières existent des machines trancheuses en vue de supprimer l'emploi des explosifs. Enfin pour l'exploitation des alluvions on utilise les dragues et les excavateurs. Nous dirons quelques mots de ces divers appareils.

Haveuses.

Les haveuses peuvent être employées à faire le havage proprement dit, ou bien à pratiquer les rouillures. Elles sont de deux types différents.

Les haveuses à chaîne sont surtout désignées pour faire des saignées horizontales dans le gisement. Elles ont été appliquées depuis longtemps en Angleterre et en France. Le principe de ces machines consiste à enlever la matière utile par copeaux, à l'aide de griffes, disposées le long d'une chaîne ou autour d'un plateau qui passent successivement le long du front de taille et qui réalisent mécaniquement la sous-cave de havage permettant ultérieurement de faire tomber le charbon par son poids. Certaines d'entre elles peuvent même se déplacer d'elle même pour donner un avancement progressif. On peut faire travailler les haveuses à chaîne comme rouilleuses en les montant sur un affût vertical.

Les haveuses à pic, qui sont spécialement désignées comme rouilleuses sont assez analogues aux perforatrices mécaniques dont nous parlerons un peu plus loin. Comme pour celles-ci, un corps de cylindre renferme un piston qui se termine par un porte outil. L'outil ayant la forme d'un burin carré, est lancé en avant par l'air comprimé puis l'entrée d'air est supprimée brusquement. Le terrain est attaqué comme par un projectile. L'ouvrier détermine le point d'attaque de l'outil à l'aide de deux manettes, tandis qu'il empêche le recul de la machine à l'aide du pro pieds.

Bosseyeuses.

Ce sont des haveuses à pic plus robustes pour les galeries
en rocher. On perce des trous de 8 à 10 centimètres de diamètre, le trou percé, on introduit une aiguille coin et l'on frappe
avec une masse mise à la place du fleuret sur le porte outil. Le
battage se règle à la main comme cela a lieu pour le marteau -
pilon. Bien que ce mode de désagrégation de la roche puisse rendre des
services dans des milieux de gaz détonant, il est peu employé à
cause de son prix de revient élevé, on a tout avantage à faire
directement l'abatage à la main avec l'aiguille infernale

Trancheuses.

Ces machines sont d'un emploi commun dans les carrières en Amérique. Elles portent un outil formé de plusieurs lames d'acier juxtaposées et traçant dans la pierre un
sillon longitudinal jusqu'à une certaine profondeur. La machine se meut sur des rails le long du front de taille, elle
est actionnée par la vapeur ou l'air comprimé

La scie diamantée est employée en Europe pour faire
des entailles dans des substances très dures, qu'on ne veut ni
ébranler ni détériorer par l'emploi d'explosifs.

Le fil hélicoïdal utilisé pour scier des roches moins
dures est un petit câble constitué par la torsion de trois fils
d'acier dur. Le câble est sans fin, il a 150 à 200 mètres de longueur, il est soutenu par des poulies dont l'une est motrice.
Il se trouve ainsi animé d'un mouvement de translation
qui produit le sciage de la roche, grâce au sable quartzeux
qu'on introduit mélangé dans la fente.

Excavateurs.

Les excavateurs travaillent parfois sur des terrains
préalablement remués par des explosifs. Les dragues prennent les sables au fond des rivières. Ce sont, comme les
excavateurs des appareils avec chaîne à godets analogues à
ceux dont on fait usage dans les travaux publics

D— Abatage à la machine avec explosifs.

Les trous de mine sont forés à la machine au lieu d'être faits à la main. À cet effet on emploie soit la perforatrice à main soit la perforatrice mécanique. Avec la perforatrice mécanique la consommation des explosifs est plus élevée en général, car on perce les trous tous en ligne droite sans tenir compte des stratifications du terrain; tandis qu'avec la perforatrice à main on fore chaque mine l'une après l'autre et on ne fait pas partir une nouvelle charge sans s'être rendu compte de ce qu'a donné la précédente. Mais la perforation mécanique donne un avancement triple.

Nous allons dire quelques mots des divers outils employés pour forer les trous de mine; perforatrices à main, perforatrices mécaniques rotatives, perforatrices mécaniques percutantes et marteaux perforateurs.

Perforatrices à main.
Les unes sont rotatives, les autres sont à percussion.

Dans les perforatrices rotatives quelques unes s'emploient sans affut; la plus simple de toutes qui est à avancement fixe est la tarière ou vrille qu'on utilise dans les roches tendres, la rotation est donnée au fleuret au moyen d'un volant à manivelle. Mais ces outils sont très fatigants pour l'ouvrier, et on préfère avoir des perforatrices à mouvement différentiel; qui seront soit posées sur un bois dans la mine soit montées sur un affut, grâce au mouvement différentiel le fleuret travaille par roulage et sans avancer quand la résistance de la roche devient trop forte. À cette classe appartient la perforatrice Ratchet.

Le plus souvent les perforatrices rotatives sont montées sur un affut formé de deux montants en fer ou de tubes que l'on arcise contre le terrain au moyen d'une vis à pointe d'un côté et d'un socle de l'autre. L'affut peut être également un trépied qu'on fixe solidement à l'aide de contrepoids et portant un joint à genouillère qui permet d'incliner la perforatrice dans tous les sens. Le fleuret est une tarière à profil hélicoïdal qu'on place à l'extrémité d'une vis à filet carré. L'avancement est provoqué par un embrayage et un débrayage qui peuvent se faire à la main comme dans la perforatrice Liobet ou bien automatiquement comme dans la perforatrice Cantin. Quelques perforatrices à affût ont cependant un avancement fixe comme l'ancien appareil anglais dit le Conquérant qui pour cette raison ne fonctionne bien que dans les roches homogènes. Dans certaines perforatrices rotatives à affût l'outil d'attaque du terrain au lieu d'être un fleuret est une couronne métallique sertie de diamants comme pour les appareils de sondage; ainsi la Bullock Sullivan

Les perforatrices à percussion sont très lourdes et peu maniables, leur principe est de comprimer, au moyen de manivelles, un ressort métallique ou à air, dont la détente chasse l'outil au fond du trou. On peut citer la perforatrice Jordan.

Perforatrices mécaniques rotatives

La mise en marche des perforatrices mécaniques se fait au moyen de l'un des trois agents de force suivants: air comprimé, électricité, eau sous pression.

L'air comprimé est l'agent par excellence pour les perforatrices, car on peut le conduire n'importe où avec une grande facilité. Il vient de la surface où des compresseurs de nature diverse le produisent à une tension de 5 à 6 kilogrammes de manière que la pression ne tombe pas au dessous de 3 kilogrammes aux récepteurs, malgré les pertes de charge le long des canalisations et les fuites.

L'électricité est produite à la surface généralement sous forme de courant triphasé à haute tension; il faut des transformateurs dans la mine pour en abaisser la tension et la rendre propre au service des perforatrices.

L'eau sous pression produite à la surface est également distribuée par canalisations dans la mine.

Dans les perforatrices rotatives on retrouve toutes les variétés d'appareils à main. Celles à mèche d'acier sont à avancement serrable à la main comme la perforatrice à air comprimé François ou électrique Jeffrey; ou bien à avancement variable automatique sans ou avec injection d'eau comme la pneumatique Cantin renforcée ou l'électrique Siemens et Halske. Celles ci diaments, comme la Bullock électrique donnant une vitesse d'avancement comparable à celle des appareils de sondage au diamant.

Perforatrices mécaniques percutantes.

Pour les roches très dures on ne peut plus employer les perforatrices rotatives, car on ne peut dépasser 400 tours par minute pour la rotation de l'outil d'attaque du terrain. Les perforatrices percutantes permettent au contraire d'entamer les roches les plus dures. Elles réalisent les mêmes mouvements que l'ouvrier qui frappe sur un fleuret avec un marteau : c'est d'abord un va et vient c'est ensuite la rotation du fleuret pendant la période de recul, un dernier dispositif facilite la manœuvre et le changement du fleuret. Les fleurets sont des barres d'acier octogonales de différentes longueurs présentant un taillant triangulaire, ou en Z ou en croix. Un canal est ménagé dans le fleuret pour faire de l'injection d'eau.

Quelques perforatrices sont mues par l'électricité comme le Bornet, mais la plupart marchent à l'air comprimé comme la Dubois et François, la Buxton, l'Ingersoll, la Sullivan.

Marteaux perforateurs.

Ce sont de petites perforatrices percutantes que l'on manœuvre à la main, sans affût. Ils marchent à l'air comprimé et sont très employés maintenant car ils sont portatifs et maniables. On peut citer les marteaux Ingersoll.

§2 — Roulage

La matière abattue est chargée dans des wagonnets qui l'amèneront par voie ferrée jusqu'au point où le moteur d'extraction la montera à la surface ou qui la conduiront jusqu'à cette surface même si la mine est placée à flanc de coteau. Le transport peut se faire suivant la ligne de plus grande pente du gisement par plans inclinés "descenderies" ou cheminées de chargement; ou bien le transport s'effectue suivant une direction horizontale et la traction est alors animale ou mécanique.

Nous étudierons donc successivement le matériel, wagonnet et voie, et la façon dont on l'emploie dans les transports.

inclinés et horizontaux.

Modes Divers de transport

Mais auparavant nous dirons quelques mots de procédés très rudimentaires encore en usage dans quelques mines.

L'un des premiers et des plus barbares est le portage à dos d'homme, c'était celui de nos ancêtres. Il s'emploie dans les exploitations d'accès difficile où il faut transporter des minerais de grande valeur sous un faible poids. Un homme peut porter ainsi de 30 à 70 kilogrammes avec relais distants de 80 mètres.

Le traînage souterrain est employé dans les couches minces pour éviter de multiplier des galeries coûteuses. On le réalise avec des paniers en osier (fig. 79) qui sont munis de patins ou de roulettes en fer que des gamins traînent; le panier peut être basculé directement dans le wagonnet de roulage, ce qui facilite le chargement.

Fig. 79

Le brouettage se fait peu au fond des mines car l'effet utile est moindre qu'il ne serait à la surface. On brouette sur des planches qui s'usent vite et s'enfoncent peu à peu dans le sol bourbeux des galeries. La charge ne peut dépasser 100 kilogrammes.

Aussi le transport le plus pratique est-il le transport par voie ferrée.

A — Matériel du roulage.

Ce matériel comprend le matériel roulant et la voie ferrée.

Matériel roulant

C'est le wagonnet appelé berline dans le Nord de la France ou benne dans le Centre.

Le facteur important dans un transport par voie ferrée est le poids du wagonnet qui circule sur cette voie. Le poids du véhicule et la résistance de la voie doivent être en rapport immédiat. Un véhicule de grande capacité évitera certains chargements ou rechargements à la surface; il sera aussi plus approprié à une grosse extraction par les puits; enfin le rapport du poids mort du wagonnet au poids utile de minerai transporté peut arriver à être moindre, ce qui permet de mieux utiliser la force du moteur d'extraction. En revanche une augmentation trop considérable de la capacité nécessitera des galeries de plus grande section, donc d'établissement et d'entretien fort coûteux; de plus le roulage ne peut plus être fait par des hommes mais par des chevaux et le mouvement devient plus difficile en cas de déraillement; enfin si le minerai est lourd le wagonnet pèsera trop s'il a une grande capacité. En raison de ces divers considérations la capacité peut varier de 300 à 1.000 ou 1200 litres suivant les mines et les pays.

Le wagonnet se compose de deux parties la caisse et le truc.

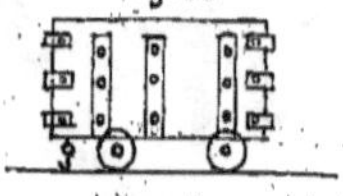

La caisse ou récipient est en bois de hêtre, par exemple, qui est une essence résistante.

Les angles et le fond sont protégés par des cornières en fer (fig. 80) la forme est rectangulaire. La caisse peut être métallique en tôle d'acier de 3 à 4 millimètres d'épaisseur; elle peut présenter un profil courbé, elliptique, ou évasé vers le haut (fig. 81)

Le truc ou appareil de roulement doit présenter une bonne résistance. Les roues sont en fonte ou en acier de 20 à 40 centimètres de diamètre, la jante est conique et munie d'un bandin comme dans les wagons de chemin de fer, la largeur de cette jante est de 5 à 6 centimètres. Les essieux des roues sont en fer ou en acier. Les roues sont calées sur les essieux; on a donc un système rigide, qui devra circuler sans dérailler sur des courbes de 2 et 3 mètres de rayon. Pour le graissage on emploie souvent des boîtes à graisse comme dans les chemins de fer, mais il est difficile de les tenir en état suffisant de propreté il vaut mieux enserrer l'essieu entre un fer U et une goupille (fig. 82), on enduit de

Fig. 80

Fig. 81

Fig. 82

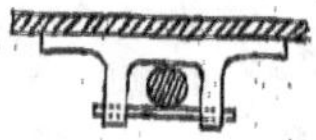

graisse la partie de l'essieu qui repose sur la goupille.

Pour éviter les complications les wagonnets ne sont pas munis de freins; pour diminuer leur vitesse sur les pentes on enraye les roues.

On fait souvent usage de wagonnets spéciaux pour amener les remblais. Ce sont des caisses en bois munies à une extrémité d'une trappe à glissières et à l'autre d'une poignée permettant de les soulever; les essieux des roues sont très rapprochés de sorte que le basculage s'effectue très facilement (fig. 83)

Fig. 83

Des trucs spéciaux existent aussi pour le transport des bois; sur un cadre en fer ou en bois, on fixe quatre montants en fer munis de chaînes pour attacher les bois.

Voie.

Du poids de la matière transporté dépend le poids du rail sur lequel roulera le wagonnet. Pour une contenance de 500 litres, on adopte un rail pesant 7 kilogrammes par mètre courant.

Le profil du rail a aussi son importance. Le système Vignole est le meilleur (fig. 84), il est formé d'un champignon et d'un patin qui sert à le fixer au moyen de crampons venant prendre appui sur ce patin et enfoncés dans la traverse. On emploie quelquefois aussi les rails à double champignon que l'on peut retourner quand un des champignons est usé. Pour les tenir il faut un coussinet vissé sur la traverse (fig. 85)

Les rails se fixent à l'écartement de 60 centimètres sur des traverses qui peuvent être en bois de hêtre ou de chêne; elles ont alors 8 à 12 centimètres d'équarrissage; leur écartement varie de 50 centimètres à 1 mètre. Les traverses peuvent aussi être métalliques, formées par des fers en U d'une certaine largeur, sur le dos desquels on rive des pièces qui servent à maintenir le rail par son bord externe ou interne.

La voie doit être établie avec une pente bien uniforme, souvent de 5 à 6 millimètres par mètre vers le puits de manière que les wagonnets pleins descendent sans difficulté et que les wagonnets vides soient remontés sans fatigue. Il arrive que le sol de la galerie se gonfle au bout d'un certain temps et la pente de la galerie devient plus forte, il faut y veiller et remettre la voie à son niveau primitif.

B — Transports inclinés.

Comme nous l'avons déjà dit ces transports se font par plans inclinés ou descenderies, par cheminées ou bures, suivant que le roulage est incliné ou voisin de la verticale et qu'il se fait en montant ou en descendant.

Plan incliné

Sur le plan incliné, les wagonnets descendent toujours par la pesanteur, c'est-à-dire que le plan incliné est un appareil automoteur. Si le plan est à simple effet, un contrepoids fait remonter le wagonnet vide et retarde la descente du wagonnet plein. Si le plan est à double effet, le wagonnet vide équilibre la descente du wagonnet plein, en remontant tandis que celui-ci descend. La disposition du plan incliné et l'adoption du système à simple ou double effet dépendant de la place dont on dispose et de la dépense qu'on doit envisager pour créer cette place.

Dans un plan incliné à une seule voie on place en général le contrepoids au milieu de la voie de roulage, il passe sous le wagonnet.

Fig 86

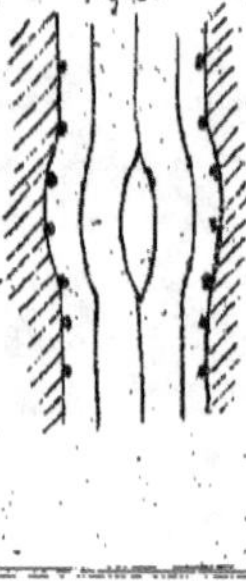

La disposition la plus fréquente est celle des plans à deux voies. Ils ont une largeur de 2m20 et la hauteur normale de 1m80, ils desserviront séparément chacun des chantiers d'abatage pris dans la couche. Quand le plan incliné est d'une grande longueur on peut n'employer le double roulage que vers le centre et avoir sur le reste de la longueur 3 rails au lieu de 4 (fig 86). On peut même disposer deux rails seulement avec

un croisement au milieu, il faudra alors ajouter une aiguille ma-
nœuvrée à la main par un gamin.

Quand un plan incliné dessert plusieurs chantiers avec
arrêts intermédiaires en face des voies de chaque chantier, on emploie la disposition de la chaîne sans fin : un câble sans fin passe
sur une poulie en haut et en bas du plan, sur ce câble on attache
les uns à la suite des autres les wagonnets
pleins d'un côté, les vides de l'autre, au moyen
d'une chaînette (fig. 87). Et chaque niveau
d'arrêt le rail est doublement courbé (fig. 88)
de façon à avoir une plateforme horizontale
où l'on met une plaque tournante pour rac-
corder à la voie du chantier.

Si l'inclinaison du plan est assez considérable, il est équipé avec chariot porteur.
Le wagonnet est placé sur ce chariot, formé
d'un triangle dont un côté roule le long de
la voie et l'autre horizontal forme plateforme pour le wagonnet (fig. 89), grâce à ce
dispositif le contenu n'a pas tendance à
se déverser sur le sol ; le contrepoids passe
sous le chariot porteur, il est formé de galet-
tes de fonte assemblées sur un châssis (fig. 90)

L'organe essentiel de tout plan incliné,
qui règle le mouvement c'est la poulie.
Elle est placée horizontalement dans l'axe
des voies, ou verticalement pour les plans à
chariot porteur. La gorge est triangulai-
re pour empêcher le glissement du câble. Pour les fortes pentes
on remplace les câbles métalliques qui glisseraient par des
câbles en chanvre qui adhèrent mieux sur la gorge de la
poulie. Le calcul et l'essai de ces câbles se fait comme pour
les câbles d'extraction dont nous parlerons plus loin. Le
diamètre est pour un plan d'une centaine de mètres de longueur, 10 millimètres pour un câble métallique et 35 millimètres pour un câble en chanvre.

Les poulies sont toutes munies de freins. C'est au frein

formé de deux sabots en bois; il est constamment serré par un contrepoids que l'on soulève pour la mise en marche.

Les plans inclinés sont des instruments dangereux où
se produisent la plupart des accidents qui sont à déplorer dans
les mines; aussi exigent-ils certaines mesures de sécurité. En
tête de chaque plan on placera une barrière qui ne sera ouverte que pour laisser passer les wagonnets. Il faut établir un
refuge à la partie inférieure, il faut éviter d'avoir une galerie horizontale en prolongement; ou si c'est inévitable la
voie de cette galerie est séparée de celle du plan par une plaque qui intercepte le raccord des deux voies. Le wagonnet doit
être attaché au câble, sans que le mode de liaison puisse se
défaire de lui-même. Si la longueur du plan est grande pour
empêcher de communiquer à la voie, une sonnette préviendra
de l'envoi des wagonnets. Enfin il faut éviter, si possible, la
circulation du personnel sur les plans inclinés.

Descenderie.

La descenderie est un plan incliné où le mouvement
des wagonnets a lieu en sens inverse de la pesanteur. Il
faut donc un moteur en haut pour remonter les produits,
moteur qui sera du genre de ceux appliqués à l'extraction
dans les puits. Dans les couches plates, on est conduit parfois à faire une exploitation en descendant pour un quartier de mine; il faut alors une descenderie. Le moteur est en
général à air comprimé; le travail de montée des wagonnets
pleins étant facilité par celui de descente des wagonnets vides. Il est prudent de mettre derrière le dernier wagonnet
plein une fourche en fer qui s'arc-boutera contre le sol et
retiendra le wagonnet en cas de rupture du câble. Si l'ex-
l'exploitation est peu active, on peut remplacer le moteur
par un cheval qui fera tourner un manège horizontal.

Il faut éviter autant que possible l'exploitation en
descenderie dont le prix de revient est élevé. Elle n'est
avantageuse que quand elle peut remonter le minerai jusqu'à
la surface et éviter ainsi les frais d'installation d'un puits
pour les faibles profondeurs.

Cheminées.

Si le gîte est très incliné, au lieu d'y pratiquer un plan incliné à chariot porteur, on laisse descendre les produits par leur propre poids à travers des cheminées. Dans les couches à 45° ces cheminées sont de simples montages de faible hauteur. Les cheminées verticales doivent être plus soignées comme boisages et demandent un grand entretien, par suite des chocs provenant de la chute des matériaux.

Balance.

La balance est un plan incliné vertical à chariot porteur. L'installation est la même, une poulie en haut avec frein à contrepoids, une cage et un contrepoids, ou bien deux cages, le wagonnet plein servant à remonter le vide. Les cages sont munies de guides comme pour les puits d'extraction (Voir plus loin)

C — Transports horizontaux.

Le transport horizontal des produits de l'abatage se fait à bras d'homme, par animaux ou par des moyens mécaniques; ces trois modes peuvent exister tous simultanément.

Roulage à bras

Au sortir du chantier, le roulage à bras existe presque toujours. Il est fait par le chargeur du chantier jusqu'à un plan incliné, ou bien jusqu'à un relai si la distance du plan incliné excède 50 mètres.

Ces relais existent aussi dans certaines galeries de roulage, basses où l'extraction peu active ne nécessite pas l'emploi d'un cheval et l'élargissement de la galerie pour le passage de ce cheval. Les rouleurs se suivent à 2, 3 ou 4. Le prix de revient d'un tel mode de travail est élevé.

Traction animale.

Le transport sur un grand parcours suivant l'horizontale s'effectue généralement avec des chevaux. Ceux-ci traînent de 8 à 10 wagonnets de 500 litres. Si la galerie est à double voie, les trains se succèdent; d'un côté les wagonnets vides, de l'autre les pleins. Un même cheval fait la navette, au contraire, entre deux doubles roulages, s'il n'y a qu'une seule voie ferrée; il conduit les wagonnets pleins et ramène un nombre égal de vides. Il faut surveiller le mode d'attelage des wagonnets entre eux, pour éviter un décrochage en cours de route qui occasionnera un retard et pourra provoquer un accident. Le meilleur système d'attache est celui qui permet un accrochage rapide, sans exposer à des ruptures d'attelage trop fréquentes.

Le rendement d'un transport s'apprécie à la tonne kilométrique c'est-à-dire au nombre de tonnes transportées à une distance donnée en kilomètres. Dans des conditions favorables un cheval peut produire 75 à 90 tonnes kilométriques. Le travail peut être réduit de moitié si les trains doivent être tirés en rampe, ou si le cheval doit circuler dans une galerie mal aérée, il faudra alors le mettre pendant un certain temps dans une voie où circule de l'air frais. Les écuries devront être établies avec soin, parées, présentant pour chaque cheval un espace de 1m50 de largeur, 3 à 4 mètres de longueur 2m50 à 3 mètres de hauteur. La nourriture composée d'avoine, foin et paille sera abondante et l'eau qu'on fera boire fréquemment sera très pure et amenée de la surface.

Traction par tracteurs mécaniques.

Ces tracteurs sont mus par l'électricité ou l'air comprimé. Les locomotives électriques sont à trolley ou à accumulateur.

Le trolley qui se déplace sur le câble conducteur a une forme triangulaire, de manière que le contact s'opère sur une plus grande largeur pour permettre le déplacement latéral de la machine. La locomotive doit être de construction simple et la plus légère possible. Le courant est de préférence du continu qui n'exige qu'un fil de trolley, à 4 ou 500 volts. On emploie les moteurs série qui permettent d'obtenir le plus puissant couple au démarrage. Dans certaines galeries existe autres que les voies principales de roulage, où la pose d'un câble conducteur serait difficile, on peut faire usage d'un moteur portant son câble conducteur. Ce câble, à mesure que se déplace le moteur, se déroule ou s'enroule.

Les locomotives à accumulateurs ne présentent pas les dangers de celles à trolley en présence du grisou dans les charbonnages. Leur inconvénient est d'être beaucoup plus lourdes et plus délicates par suite des secousses qui endommagent les accus.

Il faut également citer les locomotives à rail conducteur pour les couches minces, où le trolley serait difficile à établir. Il faut enchasser le 3e rail dans une armature en bois, pour prévenir le mieux possible, les accidents résultant d'un contact de ce rail par les ouvriers.

Les locomotives à air comprimé se composent d'un ou de deux grands réservoirs à haute pression et d'un petit réservoir à basse pression. Ce dernier distribue l'air aux cylindres moteurs en le tirant des grands cylindres à une pression uniforme par un régulateur à valve automatique. La haute pression varie de 30 à 70 kilogrammes, la pression de marche à la valve est de 9 à 10 kilogrammes. En raison de la détente de l'air qui produit un fort abaissement de température, il faut un réchauffeur : ce peut être un inconvénient dans les charbonnages grisouteux.

L'emploi des tracteurs électriques ou pneumatiques nécessite une voie solidement établie. Cet inconvénient n'existe pas pour la traction par câble.

Traction par câble.

Ce mode de transport permet le roulage des wagonnets aussi bien suivant une ligne horizontale que suivant une ligne inclinée en montant ou en descendant.

Il peut se présenter sous trois formes différentes : câble tête et queue, câble sans fin, ou bien chaîne flottante.

Le câble tête et queue ou câble de retour ne peut effectuer le roulage de wagonnets que dans un seul sens à la fois mais il s'applique à la traction sur plusieurs voies d'embranchement débouchant dans une voie principale. Il y a deux câble, s'enroulant respectivement sur chacun des deux tambours de la machine motrice. le câble queue passe sur une poulie de renvoi à l'extrémité de la galerie, Il est supporté de distance en distance par des rouleaux en fonte. Un des tambours est rendu fou sur son axe, quand la machine fait tourner l'autre tambour pour enrouler l'autre câble et tirer par suite la rame de wagonnets dans le sens correspondant (fig. 91). Pour aiguiller sur une voie secondaire, on remplace la corde queue principale par celle de la voie.

Fig. 91

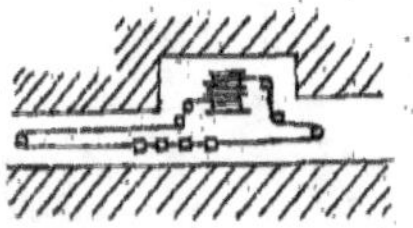

Le câble sans fin permet d'accrocher les wagonnets à faible distance les uns des autres sur toute la longueur de la galerie. Le câble passe au-dessous ou au-dessus des wagonnets, et l'attache au câble se fait au moyen d'une tenaille que l'on ferme à la main ou automatiquement ou au moyen d'une chaînette qui passera dans un maillon placé sur le câble. La traction du câble est obtenue par un treuil électrique, à vapeur, ou mieux à air comprimé.

La chaîne flottante est un câble sans fin automoteur de grande longueur. en un point quelconque on aura un plan incliné, le long duquel la descente des wagonnets suffira à mettre en mouvement tout le système; c'est donc un mode de roulage peu coûteux.

§. 3 — Extraction.

La remonte des produits minéraux abattus peut se faire par les descenderies dont nous avons parlé; mais le plus souvent elle s'opère par un puits. Nous allons parler ici des dispositions prises pour l'extraction dans le puits, et des moteurs utilisés, qui sont les mêmes pour les descenderies et les puits, abstraction faite de la puissance qui est plus grande dans le second cas.

A. Dispositifs et matériel d'extraction.

A — Dispositifs et matériel d'extraction

Recette ou accrochage.

Le minerai est expédié du fond de la mine à la surface en un point appelé recette dans les mines métalliques, accrochage dans les houillères : c'est un élargissement de la galerie immédiatement au bord du puits.

Les dimensions et la disposition de la recette dépendent de l'importance du trafic et des manipulations à effectuer ; pour une exploitation active, il faut des manœuvres faciles, donc faible pente des voies, affectation d'un côté de la recette à l'arrivée des wagonnets pleins et de l'autre à la sortie des wagonnets vides, en réunissant les deux côtés par une voie tournante (fig. 92).

Fig. 92

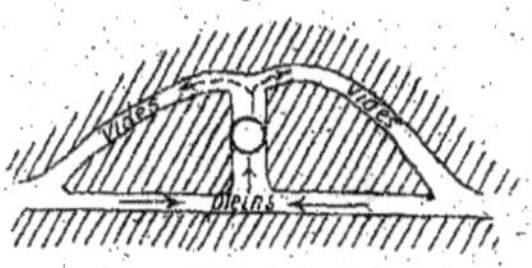

Pour recevoir la cage d'extraction, il faut disposer des taquets ou supports mobiles devant laisser passer la cage quand elle remonte et l'arrêter quand elle descend. On a imaginé divers modèles de taquets. Les uns sont des tiges presque verticales qui s'inclinent sous l'action d'un levier de manœuvre en se rapprochant pour supporter la cage, ou en s'écartant pour la laisser passer. D'autres sont des verrous horizontaux qui sortent vers l'axe du puits ou s'effacent. D'autres ont un mouvement d'excentrique pour qu'on puisse les effacer sans soulever la cage qu'ils soutiennent pendant le chargement. Dans les exploitations importantes on emploie des cages à plusieurs étages ; il faut alors au moins 2 recettes superposées pour le chargement de ces étages. Ces deux recettes devant être réunies par une balance ou un plan incliné, il est préférable de n'avoir qu'une recette munie de taquets hydrauliques. Ce sont des taquets soutenus par un piston qui se meut dans un cylindre recevant la pression hydraulique. On charge l'étage inférieur de la cage, puis on supprime la pression hydraulique la cage descend et on charge ainsi son étage supérieur. Ces taquets sont assez délicats et nécessitent des manœuvres de cage assez incommodes pour le mécanicien de la surface.

Il faut n'avoir qu'un seul lieu de chargement et éviter les recettes intermédiaires où une manœuvre intempestive des taquets peut produire des accidents, en arrêtant la cage à son passage à cette recette. De plus le travail du personnel de ces recettes est intermittent. Cependant quand on doit descendre des remblais une recette intermédiaire s'impose.

La recette doit être fermée par une barrière à manœuvre automatique, que la cage fait ouvrir en arrivant et qui est fermée tout le reste du temps.

Engins d'extraction.

Lorsque la mine est peu importante, on emploie, pour remonter les produits, le panier ou tonneau en bois cerclé de fer dont nous avons parlé pour le fonçage des puits. Si on emploie deux paniers, l'un montant, l'autre descendant il est bon de les guider en les faisant glisser le long de câbles verticaux et rigides, pour éviter qu'ils ne se choquent en se croisant.

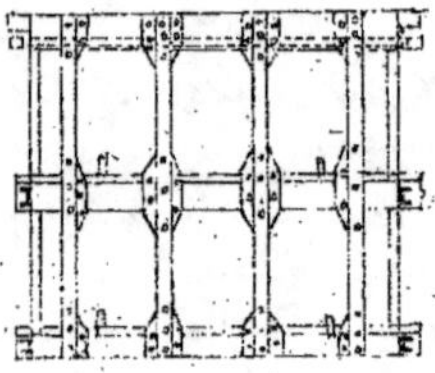

La cage d'extraction est bien préférable car elle permet de remonter directement les wagonnets ; ce qui évite des pertes de temps pour le chargement et déchargement des paniers. La cage doit être légère, mais résistante ; elle est constituée par un châssis de fers en U recouvert de tôles. (fig. 93)

La cage est munie de taquets d'arrêt pour immobiliser les wagonnets soit par leur bord supérieur, soit par les roues (fig. 94)

La cage peut contenir un ou plusieurs wagonnets sur

Fig. 93

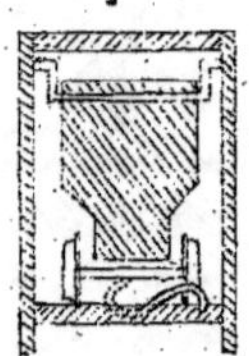

Fig. 94

son chemin de roulement de base. Suivant l'importance de l'exploitation on ajoute un, deux ou trois étages, surtout si le faible diamètre du puits empêche de mettre plus d'un wagonnet par étage. La cage qui est guidée comme nous allons le voir, comporte un parachute dont les griffes en cas de rupture du câble d'extraction, pourront mordre sur le guidage et maintenir la cage suspendue. Ces griffes sont manœuvrées par la détente d'un ressort, qui, normalement tendu par le câble d'extraction, se desserre brusquement si le câble vient à rompre. Dans le cas de guidage par câble les griffes sont remplacées par des patins qui frottent sur le câble. Il arrive souvent que le parachute fonctionne intempestivement par suite d'une saccade dans le mouvement du câble; mais inversement en cas de rupture, il peut ne pas se déclancher, ou n'être pas assez fort pour retenir la cage et le poids du câble qui retombe.

Guidage

Il y a trois sortes de guidages dans les puits où circulent les cages d'extraction : le guidage en bois, en fer et par câble.

Le guidage en bois est formé de guides en chêne de 12 centimètres sur 15 et 4 mètres de longueur. Chaque guide est porté par des bois transversaux ou moises également en chêne et de même équarrissage. Les guides peuvent s'assembler au moyen d'un joint mâle et femelle (fig. 95) ou d'un fer en U maintenu par des boulons qui évite d'entailler les guides (fig. 96), il faut avoir soin de noyer complètement dans le bois les têtes des boulons. Les joints des guides doivent toujours tomber entre deux moises. La liaison des guides et des moises se fait aussi au moyen de boulons à têtes noyées dans le bois également. Il est bon de mettre les guides à l'écartement exact pour ne pas à avoir à les entailler pour le pas-

Fig. 97
Fig. 98

guidage sur le côté (fig 99) qui n'exige qu'un
seul guide par cage et qu'une seule amarre pour
les guides des deux cages. Quelle que soit la
disposition, le point important est la verticalité
du guidage.

De chaque côté de la colonne des guides il
est des espaces qu'on utilise pour y nicher les
tuyauteries des pompes d'épuisements et d'air
comprimé ou les câbles électriques d'un côté
et de l'autre les échelles, en cas d'accidents aux
engins d'extraction.

Câble d'extraction

Les câbles qui servent à la remonte des produits se
font ordinairement en acier.

Les câbles ronds sont à quatre, six ou huit aussières
suivant la profondeur du puits et la charge qu'ils doivent remonter. Ces aussières sont enroulées en sens inverse et en hélice.
[illegible] d'elles se compose d'un [illegible] en [illegible] elles sont
[illegible] en acier. [illegible] est à section décroissante, la raison
en [illegible] pour une grande profondeur le poids du câble agit
[illegible] ou diminue ainsi
[illegible] l'effort du moteur d'extraction. En revanche, la
[illegible] et celle de l'enroulage fatigue
[illegible] et il faut quelquefois le renouveler avant de
[illegible] le câble tous entier. On coupe alors le
câble [illegible] en [illegible] les portées une par une
[illegible] que l'on [illegible] un câble par une épissure ou [illegible]
[illegible] entre les torons des deux bouts à [illegible]. On fait
travailler les câbles [illegible] de 15 à 20 kilogrammes
par [illegible] carré de [illegible]. On demande aux fournisseurs
[illegible] c'est-à-dire [illegible] un minimum de travail utile à fournir [illegible] [illegible] kilogrammètres pour une
[illegible]

Les câbles [illegible] sont plats ou ronds. Les câbles plats
[illegible] comme ceux en [illegible], ils sont d'un emploi
[illegible] que [illegible] travaillent dans de mauvaises conditions

et que l'épaisseur est trop forte pour de grandes profondeurs. Les câbles ronds en acier sont formés de fils de diamètre décroissant de 3 millimètres à $1^{mm}5$, lesquels sont réunis en torons de six fils que l'on enroulera autour d'une âme en chanvre. Un câble rond en fil d'acier à haute tension est à résistance égale toujours moins lourd qu'un câble en aloès. Mais les indices de fatigue d'un câble en acier ne sont pas aussi nets qu'avec un câble en aloès; aussi faut-il le visiter tous les jours avec soin. Le travail fourni est plus grand, et la durée aussi; on atteint 600 milliards de kilogrammètres pour 300 jours.

Fig. 100

Le mode d'attache des câbles varie avec leur forme. Pour le câble plat on place l'extrémité dans un étrier composé de deux fers plats et on l'y maintient au moyen de rivets en quinconce. Pour le câble rond, on tourne l'extrémité autour d'un anneau en fer à gorge, on met un coin en bois entre les deux brins; on fait une ligature avec des fils métalliques et on serre le tout avec 2 fers plats boulonnés (fig. 100). L'attache ou "patte" du câble doit résister à une tension supérieure à celle que peut supporter le câble lui-même, par suite des à-coups qui peuvent se produire dans le démarrage de la cage. Aussi renouvelle-t-on fréquemment la patte en coupant l'extrémité du câble qui est usée; cette opération est encore plus fréquente après que le câble est en service depuis un certain temps.

Molette.

Les câbles passent sur les molettes placées en haut du chevalement d'extraction, puis viennent s'attacher sur des bobines s'ils sont plats, ou s'enroulent sur un tambour s'ils sont ronds.

Les molettes sont des poulies de grand diamètre, en général 70 à 100 fois celui du câble, ce qui fait en moyenne 3 mètres pour les câbles en aloès, et de 4 ou 5 mètres pour les câbles métalliques.

La gorge est légèrement bombée pour les câbles en aloès, elle est plus creuse pour les métalliques. La molette est en fer plutôt qu'en fonte. Les bras sont fixés sur un moyeu en acier coulé avec chemise intérieure en bronze ou fonte. L'arbre est en acier forgé.

Chevalement

Les chevalements sont construits en bois ou en fer. Étant soumis à une grande fatigue, ils demandent à être très résistants. Il y a avantage à avoir la plus grande hauteur possible; quand les cages sont à plusieurs étages — elle varie de 15 à 30 mètres.

Les chevalements en fer ont une forme légère et simple; ils sont constitués par deux montants verticaux et deux jambes de force formant arcboutements et réaction parallèlement à la direction des câbles d'extraction entre les molettes et la machine motrice.

Les chevalements en bois sont surtout établis dans les pays neufs, où le bois est abondant; il faudra alors employer des formes plus complexes.

L'appareil dit évite-molettes doit être disposé sur tout chevalement pour empêcher la cage de monter jusqu'aux molettes. De nombreux dispositifs sont employés. Le premier est le rapprochement des guides qui coincent la cage, il faut alors les taquets pour la soutenir; car le câble qui continue à la tirer, se coupe près de la patte et elle reste libre. Un autre dispositif est tel qu'une cisaille vient couper le câble si la cage monte trop haut. D'autres systèmes agissant directement sur le moteur d'extraction pour l'arrêter soit en fermant l'arrivée de vapeur ou d'électricité, soit en serrant le frein de la machine.

Appareil d'enroulement

Des molettes le câble vient s'enrouler sur la bobine ou sur le tambour du moteur d'extraction. L'un des câbles est une tangente extérieure aux deux circonférences de la molette et de la bobine; l'autre est une tangente intérieure et forme en S qu'on a intérêt à allonger le plus possible pour diminuer

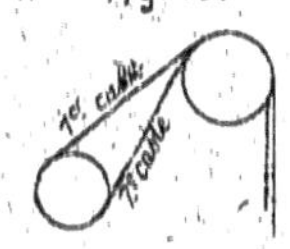

Fig 101

la fatigue du câble ; ce câble est à surveiller de très près (fig. 101 page 125).

Les bobines sont des poulies de grand diamètre sur la gorge desquelles le câble superpose ses tours. Pour les câbles ronds, on doit employer des tambours qui sont assez larges et tiennent plus de place que les bobines ; ils seront cylindriques pour de faibles profondeurs, et coniques ou spiraloïdes quand la hauteur du puits dépasse 500 mètres. L'attache des câbles sur les appareils d'enroulement se fait au moyen d'oreilles ou de trous obliques où l'on fait pénétrer le câble ; on laisse toujours deux ou trois tours morts avant la partie qui se déroule et qui travaille et quelques trous de réserve. Le câble une fois fixé sera convenablement réglé afin que le mécanicien connaisse exactement la position de la cage dans le puits d'extraction. Mais l'opération doit être refaite après un certain temps de service, soit que le câble se soit allongé, soit au contraire qu'il se soit raccourci par suite de coupure à la patte. Pour les câbles plats on emploie le système des fourrures ce sont des vieux bouts de câbles plats qu'on place dans les tours morts pour compenser par leur épaisseur la variation du rayon initial d'enroulement résultant du déroulement d'une partie des tours de réserve. Pour les câbles ronds on utilise des tambours pouvant être rendus fous sur l'arbre du moteur d'extraction et qu'on déroule ou enroule pour faire varier la longueur utile du câble.

Le moteur qui, au départ, enlève la cage pleine et le poids du câble, voit peu à peu ce poids diminuer, tandis que du côté de la cage vide la charge augmente de tout le poids du câble qui se déroule progressivement. À un moment donné, l'effort pourra devenir nul et même négatif, le moteur sera entraîné par la cage vide, et il faudra battre contre-vapeur. De très élevé au démarrage le moment résistant devient négatif. Il faut donc régulariser la répartition des charges ; la chose est particulièrement nécessaire quand il s'agit de grandes profondeurs. Avec un câble plat, chaque tour de bobine se superpose et le bras de levier varie à chaque instant, on peut alors avoir une régularisation naturelle de l'extraction, si le rayon d'enroulement initial a été bien choisi on prend en général de 1m25 à 1m30 pour une profondeur de 300 à 500 mètres avec des cages à 6 ou 8 wagonnets manœu- vrées par des câbles en aloès à 6 aussières.

Pour les câbles ronds, il faut employer des tambours coniques sur lesquels les câbles s'enroulent en spirale, les spirales étant d'autant plus nombreuses et plus accentuées que la profondeur est plus considérable. Le principe du tam- bour conique se conçoit aisément, puisque à mesure que le poids du câble augmente, il faut nécessairement que le dia- mètre du tambour diminue, de manière que le produit du bras de levier par le poids du câble reste constant, la machi- ne fournissant ainsi le même effort.

La construction des tambours coniques était assez coûteuse, on a songé à les remplacer par d'autres systèmes de régularisation de l'extraction. Ce sera une chaîne pesan- te, qui descendra à l'extrémité d'un câble jusqu'au moment où les deux câbles se font équilibre, et qui remontera quand l'effort a tendance à devenir négatif.

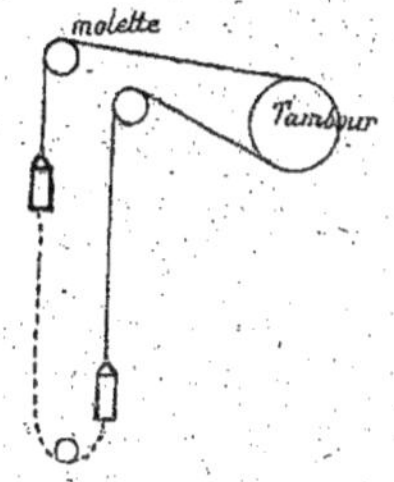

On peut remplacer la chaîne par un wagonnet ou un contrepoids mon- tant et descendant dans un puits spécial. Mais la meilleure solution est le dispositif Koepe : c'est un contre câble passant au fond du puits sur une pou- lie de renvoi et réunissant les deux cages (fig. 102) L'équilibre se produit de lui-même, puisque la longueur totale de câble de chaque côté est tou- jours la même. L'inconvénient est que si l'équilibre existe au point de vue statique, il n'est plus réalisé au point de vue dynamique, les masses en mouvement, devenant considérables par suite de l'addition du contre-câble, présentent de grands effets d'iner- tie.

Fig. 102

B — Moteurs d'extraction.

Petits moteurs.

Si la profondeur est peu considérable on prend un treuil simple ou un treuil à engrenages manœuvré par quatre hommes, le panier monte plein, puis redescend vide, à la descente un homme fait frein sur le treuil avec une pièce de bois.

La roue à marches est quelquefois employée, elle utilise le poids de l'homme pour la montée de la charge.

On peut encore emprunter la force humaine pour descendre à une profondeur de 50 mètres, en faisant usage un petit manège horizontal, disposé à quelques mètres du puits.

Si le diamètre du puits est plus grand ou s'il y a une venue d'eau au lieu d'un manège à bras d'homme on emploiera un manège à bête de somme

Dans les pays favorisés par une chute d'eau on peut employer un moteur hydraulique pour l'extraction. La roue Pelton rend alors les services; en tournant elle peut actionner une dynamo qui produira l'électricité pour un treuil électrique. De même une turbine peut être utilisée comme une roue. La turbine ou la roue Pelton ne peuvent actionner directement le tambour d'un treuil, que si l'on n'a pas besoin de renverser la marche

Les petits treuils d'extraction mécaniques qui ne sont pas électriques, sont mus par la vapeur ou l'air comprimé. Ils sont en général du type horizontal à deux cylindres conjugués l'attaque des bobines ou des tambours d'enroulement se fait directement ou à l'aide d'engrenages.

Changement de marche et freinage.

Quelle que soit la puissance du moteur d'extraction et quel que soit l'agent électricité, vapeur ou air comprimé qui l'actionne le moteur doit répondre aux deux conditions suivantes.

1°— un changement de marche rapide;

2°— un arrêt instantané au moyen d'un frein,

Le changement de marche s'obtient à l'aide de la coulisse, laquelle agit soit sur des tiroirs soit sur des soupapes de distribution. Pour les treuils électriques, le changement de marche est très rapide car il suffit de renverser le sens du courant dans l'induit du moteur.

Le frein n'est pas seulement utile en cas d'arrêt brusque, il peut être à action progressive pour faciliter l'arrêt de la cage à chaque voyage. Le frein est à vapeur pour les moteurs à vapeur et à air comprimé pour les treuils à air comprimé. Il est constitué par un bandage flexible venant appuyer des sabots en bois sur une poulie placée entre les deux appareils d'enroulement. Ce bandage est commandé par un piston à vapeur ou à air comprimé; ce piston peut être maintenu par un volant dans la position de serrage, quand bien même l'admission de la vapeur ou d'air comprimé cesserait derrière lui. Si le moteur est de faible puissance, la commande du frein se fait par une pédale au lieu d'être à vapeur ou à air comprimé. Pour les machines électriques le frein sera commandé par l'électricité en général par un électro-aimant. Il faudra en cas d'arrêt du courant avoir un frein de secours à pédale ou hydraulique.

Machine d'extraction à vapeur

Les machines d'extraction ne sont plus de simples treuils et deviennent chaque jour de dimensions et de forces plus considérables.

La détente n'était pas employée dans les anciennes machines horizontales ou verticales à deux cylindres conjugués. Aujourd'hui on en fait usage pour remédier à la marche anti-économique du moteur. La détente devra être fort sensible, très variable; pour le démarrage on la supprimera; on la rétablira ensuite et pour maintenir la vitesse de la cage on la fera varier par le régulateur à boules qui la commandera. On emploie beaucoup maintenant la détente compound pour mieux utiliser la force de la vapeur qu'on emploie à des pressions initiales de plus en plus élevées pour mieux utiliser la chaleur de combustion dans les chaudières. La vapeur au sortir du premier cylindre conserve encore une énergie qu'on utilise dans un second cylindre plus grand.

Depuis quelques années on emploie également la vapeur surchauffée pour diminuer les condensations dans les canalisations et les pertes de pression en résultant.

Les vapeurs d'échappement sont utilisées dans les grandes stations centrales pour produire de l'énergie au moyen de turbines à basse pression.

Machine d'extraction électrique.

Elles sont à courant triphasé ou continu.

Les machines à courant triphasé se prêtent moins bien à la régularisation de la vitesse. Les machines à courant continu s'y prêtent bien. On emploie le moteur shunt ou à excitation indépendante qui donne un fort couple au démarrage. On régularise la vitesse en faisant varier au cours d'une cordée le voltage aux bornes de l'induit, au moyen d'un rhéostat d'une batterie d'accumulateurs ou d'une génératrice spéciale appelée survolteur-dévolteur dont on règle le courant d'excitation à volonté. La machine d'extraction ayant un régime variable, pour régulariser le débit demandé à la ligne on emploie une batterie ou un moteur tampon ou un volant.

Organisation des manœuvres.

Les manœuvres doivent être faites avec prudence. Le mécanicien est averti de la prochaine arrivée de la charge par une sonnerie et par un curseur indicateur de position des cages. Il peut également placer des repères sur le câble. De plus il doit être en communication avec le personnel de la recette du jour, et de la recette du fond au moyen de signaux ou du téléphone.

Il faut toujours avoir un treuil de secours en cas d'arrêt de la machine d'extraction; ce sera en général le treuil qui a servi au fonçage du puits.

Chapitre IX

Chapitre IX.
Services généraux d'une exploitation.

On a vu précédemment comment s'installaient ce qu'on peut appeler les services directs de l'exploitation. Il faut parler maintenant des facteurs qu'on peut caractériser plutôt d'indirects. Il reste à définir les ennemis mêmes de l'exploitation, l'eau et le feu, et à indiquer comment on peut lutter contre eux. Nous étudierons donc dans ce chapitre les problèmes de l'épuisement des eaux de l'aérage et de l'éclairage.

§ 1 Épuisement des eaux.

A – Généralités.

Origine des eaux.

L'origine des eaux est de deux natures, dans les mines. Ce sont d'abord les eaux de la surface qui pénètrent en profondeur par infiltration. Ce sont, en second lieu, les venues d'eaux souterraines qui proviennent parfois de poches plus ou moins longues à épuiser.

Dans le premier cas, pour lutter contre l'invasion il est bon de connaître le système hydrologique de la contrée, d'étudier le régime des pluies et la perméabilité des couches voisines.

Dans le second cas on est moins armé à l'avance; il faudra toujours s'attendre à une venue d'eau. On se fera précéder par des sondages à l'avancement des galeries où une venue d'eau est à craindre. On préparera aussi à l'avance des serrements dans les galeries ou des plate-cuves dans les puits

Serrements.

Les serrements droits sont les plus simples. Dans une

partie bien solide de la galerie, on trace au pic une entaille rectangulaire qu'on a soin de couper sans employer d'explosif pour ne pas fissurer la roche. On met alors les uns au-dessus des autres des madriers parfaitement équarris et présentant la largeur exacte de l'excavation faite. On garnit la galerie sur toute sa hauteur ; on réserve seulement un trou d'homme pour pouvoir passer derrière le serrement

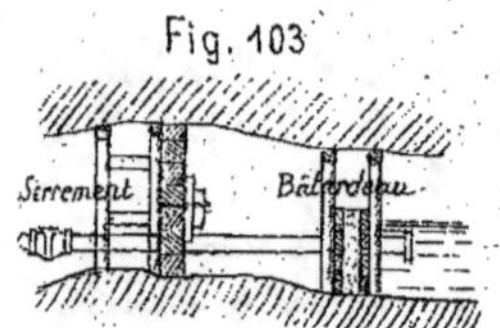

(fig. 103.) Les parois latérales sont rendues étanches avec de la mousse et on cloue par devant une lambourde entourée de toile goudronnée. Enfin on calfate les joints en y enfonçant des coins en bois, puis de l'étoupe ; indronnée. Un clapet formé de deux feuilles de cuir et placé du côté de l'eau, ferme le trou d'homme d'autant mieux que la pression de l'eau est plus forte.

Pour soulager ce serrement, on place en avant un barrage ou batardeau en argile, muni d'un tuyau en fonte qui laissera l'eau s'échapper naturellement et sans coup de pression.

Il vaut mieux créer des serrements sphériques pour des pressions d'eau un peu fortes. Ils seront formés de vaisseaux en bois dont on picotera les joints, et on laissera un tuyau d'écoulement. Ils pourront aussi être en maçonnerie ; on les munira alors de portes en fer, pouvant être fermées rapidement et d'une façon bien étanche en cas d'alerte.

Dans les puits les plate-cuves se font presque toujours en maçonnerie avec ou sans portes en fer.

Galeries d'écoulement

Quelque soit l'origine des eaux qui inondent la mine, quelle que soit aussi l'étanchéité des serrements ou des barrages qui ont été construits pour lutter contre la venue d'eau, il faut créer des galeries d'écoulement.

Quand la venue d'eau est considérable, ce sont des galeries spéciales où on amène le fleuve souterrain, en le faisant descendre le long d'anciens plans inclinés hors d'usage; dans ces galeries spéciales aucune circulation ne peut avoir lieu, à moins de ne faire le transport par bateaux comme cela a pu être envisagé dans certaines exploitations.

Mais dans la plupart des cas on peut canaliser les eaux qui s'écoulent dans un caniveau que l'on met sur le côté de la galerie, ou au milieu sous la ligne de rails.

Problème de l'épuisement.

Lorsque les travaux se trouvent à flanc de coteau, l'épuisement se fera par la galerie qui sert en même temps au transport des produits.

Dans les exploitations par puits, à moins de cas spéciaux où on a pu creuser une galerie d'écoulement aboutissant dans une vallée, comme pour la Galerie de la Mer de la mine de Gardanne près Marseille dont nous avons déjà parlé, il faut avoir des moteurs pour opérer la remonte des eaux à la surface. Cette remonte peut se faire d'une façon discontinue si la venue d'eau est faible, ou continue dans le cas contraire.

Nous allons étudier dans ces deux hypothèses, la façon dont on réalise l'épuisement.

B — Épuisement discontinu.

Installation du puits.

La venue d'eau étant peu considérable, l'épuisement ne se fera qu'à intervalles déterminés. On dispose un réservoir où les eaux viendront s'accumuler pendant une partie de la journée pour y être reprises plus tard par le moteur d'extraction.

Le réservoir où viennent s'accumuler les eaux est le fond du puits, dit puisard. La profondeur est de 12 à 15 mètres. Si ce n'est pas suffisant, on aura recours à un autre réservoir appelé allebraque; c'est une cavité que l'on creuse dans le terrain non loin du puits, et où les eaux prennent leur niveau derrière un barrage. La contenance de ces réservoirs doit pouvoir égaler la venue de 18 à 24 heures, pour ne pas noyer les travaux en cas d'avarie au moteur d'épuisement, obligeant à un arrêt entre deux épuisements, plus long que l'intervalle normal.

Épuisement par la machine d'extraction.

Cet épuisement se fera, après la remonte journalière des produits de l'extraction et après la descente des bois et remblais.

On peut employer comme récipients, les paniers ou tonneaux d'extraction utilisés dans les mines de faible importance. Arrivés au jour ils se vident par basculage, ou par l'ouverture d'une soupape placée à leur partie inférieure. On peut à 100 mètres de profondeur enlever 40 mètres cubes à l'heure.

En général, les récipients avec lesquels la machine d'extraction fait l'épuisement sont guidés. Ce sont des caisses que l'on suspend à la place de la cage, ou bien ce sont des chariots-tonnes, dits bacs, que l'on roule dans la cage, comme on y roule les wagonnets à minerai. Dans le premier cas, les caisses portent des mains courantes pour le guidage; dans le second cas, le guidage a lieu par la cage. Les bacs bien qu'augmentant le poids mort pour la machine d'extraction; et bien que présentant une faible capacité, sont de manœuvre commode, car il suffit de plonger la cage dans le puisard, en faisant dérouler un peu plus de câble, pour remplir les bacs. Et l'arrivée à la surface, une soupape mue à bras d'homme ou automatiquement, et située sur l'un des côtés du récipient déverse l'eau dans un col de cygne en tôle, qui se raccorde avec les gargouilles d'écoulement à la surface.

Ce mode d'épuisement, à l'aide de la machine d'extraction, présente l'avantage d'arroser journellement le câble, ce qui est une bonne chose pour un câble en aloès. Mais si les venues sont très considérables, si elles dépassent 100.000 litres par 24 heures, il faut avoir des engins plus puissants: on emploiera des appareils permettant un épuisement continu.

C – Épuisement continu.

L'épuisement continu, nécessaire pour les fortes venues d'eau peut se faire par les pompes souterraines ou par la machine d'épuisement placée à la surface.

Pompe souterraine. –

La pompe souterraine, non seulement ne nécessite pas, comme la machine d'épuisement un puits spécial, ou tout au moins un compartiment assez grand dans un puits d'extraction ou d'aérage, mais elle présente l'avantage de pouvoir être installée au fond de la mine et de remonter d'un seul jet toutes les eaux, la profondeur pouvant atteindre 400 ou 500 mètres. Ces pompes seront actionnées par la vapeur, l'air comprimé, ou l'électricité.

La pompe centrifuge qui au début n'avait qu'un faible rendement et ne pouvait élever l'eau qu'à faible hauteur 40 mètres, en général, a subi de nombreuses améliorations. Les pompes Farcot ont amélioré le rendement en évitant les remous à la sortie des aubes grâce à une enveloppe de forme spéciale. Les pompes de Laval augmentent la hauteur de refoulement en accroissant beaucoup la vitesse de rotation. Une autre solution consiste à étager une série de pompes centrifuges de telle sorte que le refoulement de l'une aboutisse dans l'aspiration de la suivante. Au lieu de superposer les pompes on peut les juxtaposer en les montant sur un même axe; c'est le principe des pompes multicellulaires Rateau ou Subzer.

Les pompes à piston sont du type horizontal à deux cylindres conjugués. À l'extrémité des cylindres se trouvent les soupapes d'aspiration et de refoulement dont le fonctionnement pour être bon, doit être lent. Les systèmes les plus employés sont les pompes Worthington, Audemar, Blake, Dubois. Quand les pompes à piston doivent être commandées par l'électricité, on réalise l'attelle soit par courroie, soit par une série d'engrenages de manière à réduire le mouvement rapide de la dynamo pour avoir un bon fonctionnement de la pompe. Cependant on a pu réaliser la pompe dite express à commande directe en ramenant le nombre de tours de la dynamo au chiffre de 150 à 200 à la minute et en porterait la vitesse de la pompe à la même valeur. Ainsi les pompes des types Riedler ou Jardin.

L'emploi de la vapeur est quelquefois une gêne, car la tuyauterie échauffe par rayonnement l'air qui circule dans le puits. Cette tuyauterie n'est pas toujours étanche, il y a condensation notable de la vapeur et introduction d'eau dans la mine. De plus l'établissement en est délicat à cause de la dilatation. Enfin si l'on veut obtenir un bon rendement du moteur à vapeur il faut un condenseur, dont l'installation est difficile au fond de la mine.

L'air comprimé est préféré à la vapeur pour ces diverses raisons. Pour les moteurs puissants, il faudra une pression élevée. Mais l'air comprimé, en se détendant, transformera en glace l'eau d'injection provenant des compresseurs, et qui circule avec lui dans la conduite. La glace risquera d'obstruer l'échappement des cylindres et d'arrêter la machine; il faut alors pratiquer sur la colonne de refoulement une prise d'eau qui arrose constamment les cylindres et les maintient au dessus du point de congélation.

L'eau est employée comme agent de force, on l'utilise à la pression de 250 kilogrammes.

L'électricité actionne aujourd'hui beaucoup de pompes souterraines à grand et petit débit. La pompe électrique n'échauffe pas l'atmosphère et n'exige que peu d'espace. Dans le puits, les câbles conducteurs seront très bien isolés et armés pour être à l'abri de l'eau et des chocs; leur entretien est plus facile que celui des conduites à vapeur.

Tuyauterie de refoulement.

Cette tuyauterie doit être installée dans le puits avec grand soin pour avoir un bon fonctionnement à plein rendement de la pompe ou de la machine d'épuisement. Les tuyaux sont en fonte de 100 millimètres de diamètre et de 4 à 5 mètres de longueur; ils sont munis de brides qu'on serre avec des boulons en intercalant des rondelles de caoutchouc, de plomb, de cuivre, ou de cuir embouti suivant le degré d'étanchéité que l'on désire. Les tuyaux sont maintenus solidement dans le puits à l'aide de brides en fer, dont les pieds ont été scellés auparavant dans la maçonnerie.

Machine d'épuisement.

C'est peut être le plus ancien des outils employés à la remonte des eaux du fond d'une mine. Elle est très encombrante, car placée au haut du puits, elle commande par une tige qui règne sur toute la longueur du puits une série de pompes aspirantes ou foulantes qui se renvoient de l'une à l'autre l'eau à épuiser. Nous étudierons successivement la construction des pompes, l'installation de la tige de commande, et l'établissement du moteur à la surface.

La pompe placée à la partie inférieure du puits, noyée ou non est dite soulevante ou travaillante. Elle se compose d'un corps de pompe cylindrique, où se meut un piston creux muni d'un clapet. À la partie supérieure du corps de pompe, se trouve, dans une crépine, un second clapet s'ouvrant de bas en haut comme celui du piston. C'est la pompe bien connue de tout puits d'alimentation d'eau. Tout doit être disposé pour des visites et des réparations rapides surtout aux clapets qui en ont besoin fréquemment. On a quelquefois opéré tout l'épuisement avec des pompes soulevantes étagées de 30 en 30 mètres, mais cela n'est pas possible pour une grande profondeur; il vaut mieux avoir au-dessus de la soulevante une série de pompes foulantes.

La pompe foulante a un piston plongeur actionné par la maîtresse-tige ou tige de commande. Elle aspire l'eau dans une bâche située à proximité de la pompe et à 30 mètres au-dessous de la travaillante, puis elle refoule l'eau dans la bâche d'une autre pompe foulante placée à 50 mètres plus haut. Une même enveloppe ou chapelle contient les clapets d'aspiration et de refoulement ce qui facilite la visite. Le fonctionnement de ces clapets a lieu comme dans une pompe à incendie. La seule particularité est que le poids de la maîtresse-tige sert à faire descendre le piston-plongeur et à refouler l'eau. On obtient ainsi pour le moteur une marche plus régulière et mieux équilibrée.

On peut substituer à la pompe foulante la pompe à double effet qui occupe moins de place, au tout y est dans le même prolongement : tuyau d'aspiration, corps de pompe, tuyau de refoulement. Le piston est creux et annulaire. En descendant il aspire par la soupape ménagée en son centre; en remontant cette soupape se referme et l'eau pénètre dans le corps de pompe par la soupape qui se trouve au fond du cylindre. En même temps l'eau, qui avait été aspirée au dessous de la soupape du piston, monte dans le tuyau de refoulement, de sorte que la marche est bien à double effet. L'installation des pompes foulantes doit être faite avec grand soin, de manière à maintenir la verticalité exacte de tout le système.

La maîtresse-tige est celle qui transmet le mouvement à toutes les pompes; elle règne sur toute la hauteur du puits. On peut placer les tiges de piston sur le côté mais le raccordement est en porte-à-faux, il vaut mieux les mettre dans l'axe de la maîtresse-tige, celle-ci forme alors un cadre qui embrasse et contourne les cylindres des pompes. La maîtresse-tige est en bois, formée de plusieurs pièces solidement assemblée les unes aux autres, dont la section est décroissante depuis la partie supérieure, afin d'alléger le système. Le plus grand soin doit être apporté aux assemblages, car une rupture exposerait à des conséquences désastreuses. On presse les deux extrémités de tiges à assemblées entre deux éclisses en bois fortement boulonnées que l'on rend solidaires en interposant entre l'éclisse et la tige des chevilles en bois. On a songé à substituer au bois le fer ou l'acier pour obtenir plus de légèreté avec la même résistance dans un puits profond. Les tiges ont une forme en treillis, ou une section carré creuse à l'intérieur ou une section en U. La section est également croissante de bas en haut du puits. Cependant le bois est généralement préféré à cause de sa souplesse et quelquefois aussi de son poids, qui assure une stabilité plus grande.

L'installation de la maîtresse-tige comporte l'établissement de guides assez rapprochés pour maintenir la verticalité; ce sont des bois solidement encastrés dans les parois du puits et saisissant de chaque côté les faces de la tige.

La maîtresse-tige agissant par son poids, il faut que celui-ci soit supérieur à la colonne d'eau à refouler, mais de peu pour éviter une chute trop rapide. A cet effet, du reste, on équilibre le poids par des contrepoids. Ce sont des balanciers analogues au balancier de Watt, qu'on charge à volonté de pièces de bois ou de fonte. On peut utiliser également la réaction hydraulique, ou l'air comprimé.

Le moteur destiné à mettre en route tout cet attirail doit avoir une grande force et une faible vitesse. On pourra avoir une machine à simple effet, à traction directe. Elle se place immédiatement sur le puits; elle sera à condensation et à détente. La distribution de vapeur se fait par la cataracte: c'est une tige qui soulève successivement la soupape d'admission, la soupape d'équilibre mettant en communication les deux faces du piston et la soupape d'échappement. On obtient ainsi un mouvement brusque de soulèvement de la maîtresse-tige suivi d'un mouvement lent de descente. On peut également employer la machine à balancier c'est le type le plus ancien représenté par la machine de Cornouailles; le cylindre à vapeur est établi plus solidement sur le côté du puits; il est réuni par un balancier à la maîtresse-tige, on ajoute souvent un volant pour faciliter le passage aux points morts du piston.

On emploie maintenant la machine à double effet avec distribution par tiroir, à deux cylindres conjugués horizontaux marchant souvent en détente expansion.

§ 2 - Aérage.

L'ouvrier dans une exploitation souterraine doit pouvoir respirer pour produire un bon travail. Il faut donc envoyer dans la mine un courant d'air énergique. Ce courant d'air emportera les gaz délétères qui existent à l'état naturel, ainsi que ceux qui y naissent par la respiration des hommes, par la combustion des lampes, par le tir des coups de mine, ou par la décomposition de certaines roches de nature chimique. Le courant d'air réagira aussi contre l'élévation de température qui se produit à mesure qu'on s'enfonce dans les entrailles de la terre; cette élévation est

encore plus forte là où plusieurs ouvriers se trouvent réunis ;
on a observé 35° à 40° dans les parties non aérées d'une exploitation. Un courant d'air pur est dès lors indispensable.

A — Atmosphère des mines.

Parmi les miasmes, dont l'accumulation est une des
causes de la chaleur des chantiers, les gaz, qui existent à
l'état naturel dans les mines, tiennent la plus grande
place. Que sont donc ces gaz ?

Grisou.

Au premier rang des gaz délétères de l'atmosphère
d'une mine se place le grisou.

Le grisou est spécial aux exploitations houillères.
Comme règle générale, sauf exceptions, on peut dire que le
grisou se trouve surtout en profondeur, à partir de 500 mètres
presque toujours. Toutefois tout dépend encore de la nature de la
houille et de la régularité du gisement. Les houilles maigres
ou les flambantes contiennent souvent davantage de grisou
que les houilles grasses. Si les couches ont une direction bien
uniforme, on y rencontrera peu de grisou ; le contraire se produira au voisinage de failles, des parties bouleversées, du toit
fissuré notamment. Pour les grandes profondeurs, 800,
1.000 ou 1200 mètres, il est rare de ne pas rencontrer du grisou. bien plus il y a souvent des dégagements spontanés
pouvant empêcher de continuer l'exploitation.

La composition du grisou est analogue à celle du
gaz des marais. Il a la propriété de brûler en présence d'une
certaine quantité d'oxygène ; mais il ne s'enflamme plus si
l'oxygène est en excès. C'est sur cette seconde propriété que
l'on se base pour combattre les effets désastreux du grisou.
On envoie dans la mine assez d'air pour que la proportion de
grisou soit inférieure à 4%, proportion à partir de laquelle le
mélange air et grisou s'enflamme. Pratiquement on s'en
tient à 1% et 2% au plus pour les retours d'air.

Dans un chantier, le mineur se rend compte de la présence du grisou au moyen de sa lampe : en abaissant la mèche

de manière à ne lui laisser qu'une hauteur de 3 millimètres, il verra une auréole bleuâtre et un certain allongement de la flamme. Quand on voit cette auréole en promenant la lampe au sommet d'une galerie, il faut retirer la lampe lentement, pour éviter que la lampe pleine de gaz ne prenne feu. Les lampes électriques ne permettent pas de déceler le grisou. On y a ajouté un dispositif spécial qui remédie à cet inconvénient.

Dosage du grisou.

Un dosage quantitatif journalier s'impose pour assurer la sécurité du personnel.

Le dosage se faisait autrefois avec la lampe Pieler dont le principe était de mesurer l'allongement de la flamme de l'alcool pour avoir la teneur en grisou. Cette lampe peut amener des détonations si on la plonge dans un mélange détonant de grisou. La lampe Chesneau est celle adoptée partout maintenant. Elle est basée sur l'allongement de la flamme et aussi sur la coloration jaune frangée de vert en présence du grisou. La lampe de Clowes est une lampe ordinaire où on fait arriver de l'hydrogène qui brûle avec une auréole variable avec la proportion de grisou. Enfin certains grisoumètres sont basés sur l'échauffement d'un fil de platine.

Acide carbonique.

Ce gaz existe toujours en petite quantité dans les exploitations souterraines, par suite de la respiration des hommes. Mais il peut exister à l'état naturel, sous forme de gaz comprimé dans les soufflards. Il est alors dangereux, car son irruption dans les travaux est brutale et les ouvriers seront asphyxiés sans être prévenus. La teneur ne doit pas dépasser 2% pour que les ouvriers puissent travailler.

Autres gaz.

Il y a les gaz provenant de la décomposition des bois de mine.

Il y a les gaz fournis par les explosifs ; toujours un peu d'oxyde de carbone, la poudre donne des vapeurs sulfureuses et sulfhydriques, la dynamite donne des vapeurs azotiques.

Dans certaines mines métalliques on peut trouver de l'hydrogène sulfuré, des vapeurs de plomb, d'arsenic ou de mercure.

B. — Problème de l'aérage.

La résolution du problème général de l'aérage dans une mine comporte deux points principaux : la détermination de la quantité d'air qui doit parcourir les travaux, et la répartition de cette quantité d'air dans les travaux.

Détermination de la quantité d'air.

Pour calculer le volume d'air nécessaire, on adopte les bases suivantes :

Dans les mines métalliques on admet qu'il faut de 10 à 15 litres d'air par minute et par ouvrier. Dans les charbonnages, surtout s'ils sont grisouteux, on porte ce chiffre à 40 ou 50 litres par minute. Pour un cheval la consommation est triple. Pour une lampe la consommation est à peu près équivalente à celle d'un ouvrier. Un autre élément de calcul est basé sur la quantité d'extraction : on prend en général en mètres cubes $\frac{1}{20}$ de la production journalière en tonnes, soit 5 mètres cubes pour 100 tonnes extraites.

On fera passer le volume d'air ainsi déterminé en créant une différence de pression ou dépression entre l'entrée et la sortie d'air ; nous verrons plus loin comment. Cette dépression est mesurée en millimètres de colonne d'eau, 1 millimètre étant égal à la pression de 1 kilogramme d'eau sur un mètre carré. Cette dépression est fonction de l'orifice équivalent de la mine. Cet orifice est la surface en mètres carrés d'une paroi mince par laquelle serait supposé passer le volume d'air de la mine sous l'effet d'une dépression déterminée ; si l'orifice est étroit il faut pour avoir la même quantité d'air une vitesse plus grande de cet air, et par suite une dépression plus grande. L'orifice équivalent de la mine dépend de la section des galeries et de la résistance qu'elles opposent au passage de l'air. La mine est dite étroite si l'orifice équivalent est inférieur à 1m.50.

La détermination expérimentale du volume d'air qui traverse une galerie se fait en mesurant la section de la galerie dans une partie aussi régulière que possible et en mesurant la vitesse de l'air qui y passe avec un anémomètre. On admet en général de 0m.60 à 1 mètre pour les courants d'air moyens.

Répartition du courant d'air.

Après avoir réglé la quantité d'air qui doit parcourir les travaux de la mine, il faut fractionner ce volume et le répartir du mieux possible à travers toutes les galeries existantes. Le réglage doit être tel qu'il y ait séparation en courants distincts correspondant à chaque quartier de la mine, de façon à ne pas faire passer l'air vicié, qui sort d'un quartier dans un autre. Il faudra donc un retour d'air spécial à chaque quartier.

Le réglage se fait à l'aide de portes pleines ou de portes à guichet.

Les portes pleines sont en bois ou en fer; elles s'ouvrent contre le courant de façon à être normalement fermées; elles sont rendues bien étanches ainsi que le châssis qui les soutient.

Dans certaines galeries de roulage où il est nécessaire de barrer énergiquement la route à l'air; on fait usage de portes doubles, dont l'une est toujours fermée si l'autre est ouverte.

Les portes à guichet sont disposées comme les portes pleines sur un châssis bien étanche. Une trappe mobile se déplaçant au centre dans une glissière, permet une admission plus ou moins grande d'air à travers la porte.

Marche de l'air.

L'air, qui parcourt les travaux, s'échauffe; il devient plus léger et tend à s'élever; l'aérage est donc naturellement ascendant. Cet aérage ascendant est surtout nécessaire, s'il y a du grisou qui par suite de sa faible densité, s'accumule dans les parties hautes des galeries.

De la galerie principale de roulage, du travers-banc où il est entré par le puits, l'air se bifurquera à droite et à gauche dans les galeries d'exploitation des différentes couches en passant à travers des portes à guichet.

L'air arrive donc par la voie de fond et doit aller jusqu'au bout de cette voie. Il faut éviter que des pertes ne se produisent sur le trajet. Ces pertes peuvent se faire à travers les remblais, quand ils sont mal serrés on les évitera en muraillant la galerie de fond. Les pertes se font aussi par les galeries qui aboutissent sur la voie de fond, il faut donc isoler ces galeries

S'il s'agit d'une voie montante ou d'un plan incliné dans une couche de faible pendage, on trace une galerie à demi pente sur laquelle on place une porte; puis on pousse cette galerie en direction parallèlement à la voie de fond. Sur cette galerie viennent aboutir les voies médianes des tailles-montantes (fig. 104) ou les plans inclinés qui desservent les tailles chassantes (fig. 105)

Fig. 104

Fig. 105

Fig. 106

Si la pente de la couche est forte on ne peut songer à placer une porte sur le plan incliné qui gênerait trop les manœuvres. On peut alors détourner la voie de fond, en la séparant du plan incliné par une maçonnerie, et une porte placée sur le côté (fig. 106).

On peut aussi surélever la plate-forme d'arrivée des wagonnets et la réunir à la voie de fond par une galerie montante avec porte (fig. 107)

Fig. 107

Si l'on a une cheminée on opérera de la même façon en terminant par une partie droite munie d'une porte. On peut du reste maintenir la cheminée constamment pleine de minerai à sa partie inférieure, elle se trouve ainsi rendue étanche au passage de l'air.

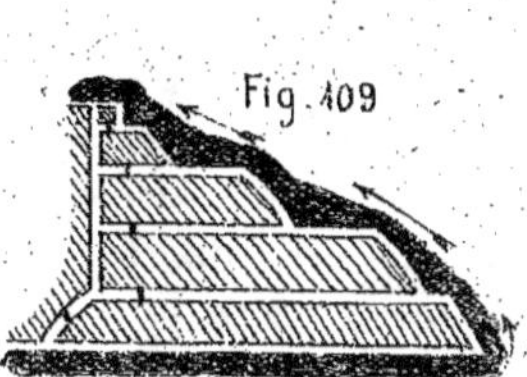

L'air arrive donc sans pertes jusqu'à l'extrémité de la voie de fond. Il remontera alors le long des chantiers en exploitation. S'il s'agit de tailles montantes (fig. 108) on mettra une porte sur la galerie en direction qui dessert plusieurs voies médianes. S'il s'agit de tailles chassantes (fig. 109) il faudra une porte à la galerie de roulage de chaque chantier pour que l'air ne passe pas par les plans inclinés en prenant le chemin le plus court.

En sortir des chantiers, l'air arrive dans la galerie de retour d'air. Les bois y pourrissent vite, il est préférable d'avoir comme soutènement du fer dans cette galerie. La La section devra être la plus grande possible pour ne pas restreindre l'orifice équivalent. Dans les couches plates, il peut arriver que le retour d'air, étant au même niveau que l'entrée d'air, ait à traverser la galerie d'entrée d'air; on fait alors un crossing c'est-à-dire qu'on fait passer une galerie au dessus de l'autre (fig. 110)

Des galeries de retour, l'air gagne le puits de retour. Ce peut être un compartiment ou goyau dans le puits d'entrée d'air. Le goyau est formé de planches en sapin ou en chêne à joints calfatés, mais il y a toujours des pertes importantes. Le puits de retour d'air peut être voisin de celui d'entrée, on a encore des portes. Il vaut mieux que ce soit un puits éloigné, on réalise ainsi l'aérage diagonal qui permet une distribution meilleure des volumes d'air. Si le puits de retour d'air sert à l'extraction, comme il est bouché pour permettre l'aspiration par le ventilateur, il faut l'ouvrir au moment du passage de la cage. De plus il faut laisser passer à travers la fermeture le câble d'extraction, il faut à cet endroit un clapet étanche. Malgré tout il y a des pertes considérables dans ce cas.

Aérage en cul-de-sac.

Dans les galeries en cul-de-sac l'air n'ira pas directement. On constitue alors une voie artificielle qui en doublant la galerie permettra d'établir un circuit et faire passer l'air. Si l'air arrive par cette voie artificielle l'aérage est dit soufflant. Si l'air au contraire arrive par la galerie et s'évacue par la voie artificielle, l'aérage est aspirant.

Si la galerie est assez large, on la divise en deux parties au moyen d'une cloison réalisant un carnet d'aérage (fig. 111) La cloison se fait à l'aide de deux lignes de planches jointives bourrées intérieurement d'argile. Des planches horizontales seront aussi placées en haut ou en bas de la galerie; dans ce dernier cas le compartiment pourra aussi servir à l'écoulement de l'eau (fig. 112) il faudra alors un aérage aspirant pour que les deux fluides circulent dans le même sens. Si le carnet doit durer longtemps on le fait en maçonnerie sur tout ou partie de la hauteur de la galerie (fig. 113.)

Dans les voies secondaires ou pour des travaux passagers on emploie des tuyaux en tôle ou canards d'aérage elliptiques ou cylindriques. Si l'on a de l'air compri-

Fig. 111

Fig. 112

Fig. 113

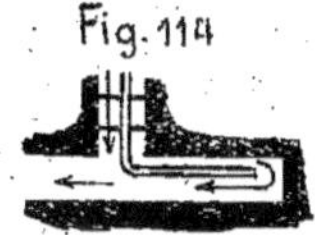

Fig. 114

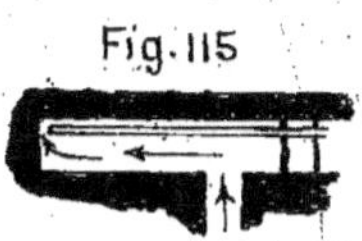

Fig. 115

mé on fait un aérage soufflant (fig. 114)
Si on veut faire l'aérage aspirant
il faut placer un ventilateur à
l'extrémité du canard (fig. 115)

C — Réalisation de l'aérage.

L'aérage fonctionne entre la mine
et la surface, soit d'une manière
naturelle, soit plutôt par des moyens
mécaniques appelés ventilateurs.

Aérage naturel

L'aérage naturel est celui des petites
exploitations, c'est aussi celui de la plupart des travaux à
flanc de coteau

L'aérage d'une galerie à flanc de coteau se pratique
au moyen de cheminées d'aérage analogues à celles prati-
quées dans les longs tunnels de chemins de fer. Si la galerie
est longue, les cheminées d'aérage auraient une grande
hauteur il vaut mieux creuser à un niveau supérieur la
galerie de retour d'air.

L'aérage peut aussi être naturel entre deux puits, à
condition que le puits de retour d'air soit à un niveau plus
élevé que le puits d'entrée d'air.

La différence doit être assez grande pour que le courant
d'air circule toujours dans le même sens, malgré les variations de température et de pression barométrique.

On a songé depuis longtemps à activer la vitesse du
courant de retour en chauffant l'air au moyen de foyers
qu'on installe à la partie inférieure du puits de retour. Ce
système n'est pas de sécurité pour les mines grisouteuses.

On a essayé aussi de faire aspirer l'air par le tirage
des chaudières de la surface, ou par des injecteurs à vapeur.
Mais tous ces dispositifs ne donnent pas le rendement d'un
ventilateur.

Aérage par ventilateur.

Toute mine un peu importante possède un ventilateur. Au point de vue théorique les ventilateurs se divisent en deux classes :

les volumogènes

et les déprimogènes

Les premiers soit en tournant, soit en ayant un mouvement de va et vient, font passer un volume d'air constant, quelle que soit la résistance opposée par la mine.

Les seconds créent, au contraire, une dépression déterminée en faisant passer un volume d'air variable avec la résistance ; ils peuvent ainsi déplacer jusqu'à 100 mètres cubes d'air par seconde avec une dépression pouvant atteindre 200 millimètres d'eau. Ils comprennent des types à force centrifuge, des types analogues aux turbines à eau, et des types à circulation d'air diamétrale.

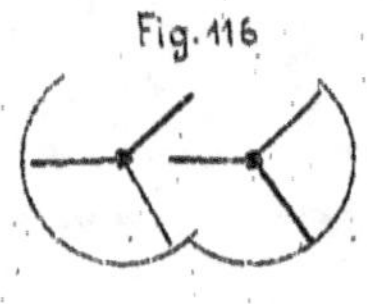

Fig. 116

Les ventilateurs volumogènes qui ont été les premiers employés, sont délaissés aujourd'hui. C'étaient des sortes d'énormes pompes qu'on rencontre dans quelques vieilles exploitations. Ainsi le ventilateur Fabry étaient formé de 2 arbres munis d'ailettes tournant en sens inverse et enfermant ainsi le volume à envoyer dans la mine (fig. 116)

Fig. 117

Fig. 118

Les ventilateurs centrifuges ont l'entrée d'air axiale et la sortie radiale ou inversement l'entrée radiale et la sortie axiale. Le plus ancien est le Guibal il se compose d'une roue à aubes obliques avec aspiration par deux ouïes latérales et refoulement dans une cheminée évasée formant diffuseur, grand diamètre, faible vitesse (fig. 117) Le ventilateur Capell a des ailes présentant trois courbures. Le ventilateur Ser se compose d'un disque en tôle portant de chaque côté des ailes recourbées en avant (fig. 118). Le ventilateur Monnet et

Moyne a une roue qui présente des ailes larges dans le sens parallèle à l'axe et très étroites dans le sens perpendiculaire; c'est un des plus récents.

Les ventilateurs hélicoïdes qui se différencient des centrifuges en ce que le mouvement de l'air a lieu dans le même sens à la sortie qu'à l'entrée, tandis que pour ceux-ci l'air sort dans une direction perpendiculaire. Les deux systèmes comportent

1°— un distributeur qui déverse avec la vitesse et la direction convenables l'air de la mine dans les aubes de la roue mobile;

2°— une turbine ou roue cloisonnée mobile qui cède son énergie mécanique à l'air;

3°— un diffuseur dont le rôle est de transformer en pression la force-vive de l'air à la sortie de la roue.

Dans le ventilateur Rateau la turbine est constituée d'une roue légèrement conique avec ailettes cylindriques ou annulaires, le distributeur est à ailes directrices ou à canal spiral toute avec une seule ouïe; il existe également à deux ouïes, ce sont alors les ventilateurs hélico-centrifuges.

Le ventilateur diamétral dont le représentant est l'appareil Mortier est tel que l'air est aspiré sur la périphérie de la roue et s'échappe en un point diamétralement opposé. La roue se compose de palettes à direction radiale intérieurement et courbées en avant à la périphérie (fig. 119) On peut augmenter la quantité d'air aspiré en écartant l'enveloppe.

Fig. 119

§3— Éclairage.

Le problème de l'éclairage est intimement lié à celui de l'aérage, car un bon éclairage est la conséquence toute naturelle d'un bon aérage.

Les lampes employées peuvent être à feu nu, à feu protégé et de sûreté, ou électriques.

A — Lampes à feu nu.

Quand la mine ne contient pas de gaz combustibles, et c'est la majorité des cas, on emploie la lampe à feu nu.

Il ne faut citer que pour mémoire la chandelle de suif dont l'odeur est des plus désagréables et qui se consume vite (15 à 20 grammes à l'heure.)

Lampes à huile.

Elles sont de deux types :

Fig. 120

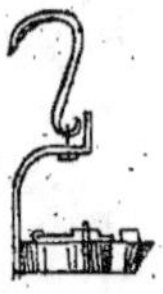

Le premier type est un récipient elliptique qu'on suspend à une sorte d'étrier terminé par un crochet. Le récipient qui reçoit l'huile, est percé de deux ouvertures, l'une pour l'entrée de l'air et l'introduction de l'huile, l'autre pour le porte mèche (fig. 120)

Le second type est moins embarrassant. C'est un réservoir de forme ovale ou circulaire avec une ouverture centrale à la partie supérieure par laquelle passe une mèche. Sur le fond du réservoir est placée une tige qui est munie d'une poignée en bois d'un côté et d'une pointe de l'autre. Par cette pointe la lampe sera fixée sur le boisage ou sur le chapeau du mineur (fig. 121)

Fig. 121

Les huiles employées pour l'alimentation de ces lampes seront des huiles minérales, végétales ou animales. L'huile de colza, pour ne pas donner trop de fumée dans les chantiers, sera mélangée à 50 % d'huile minérale. On emploie quelquefois l'huile d'olive dans les pays producteurs de cette huile. L'huile de poisson peut servir; l'huile de navette aussi. Le pétrole ne convient pour les lampes à feu nu que pour un éclairage à poste fixe.

Lampes à acétylène.

Elles sont du type courant à deux réservoirs superposés l'un pour l'eau, l'autre pour le carbure de calcium.

B — Lampes de sûreté.

Pour les mines grisouteuses, on ne peut employer que des lampes de sûreté c'est-à-dire incapables d'enflammer l'atmosphère grisouteuse dans laquelle elles brûlent.

Lampes Davy.

Les lampes employées dérivent du principe de la lampe Davy basé sur les propriétés qu'ont les toiles métalliques d'arrêter les flammes et de s'opposer à la propagation de l'inflammation d'un gaz combustible. La lampe Davy n'est plus employée aujourd'hui à cause de son faible pouvoir éclairant, et de son danger; puisque dans un courant d'air de 1^{m}70 à la seconde la flamme de la lampe traverse le tamis et allume le mélange détonant d'air et de grisou.

Principales lampes de sûreté.

On a donc cherché à augmenter le pouvoir éclairant, tant par l'emploi de verres bien protégés, que par l'emploi d'essences plus éclairantes que l'huile ordinaire. Les lampes employées actuellement dans les mines grisouteuses peuvent se rapporter aux quatre types dont nous allons parler.

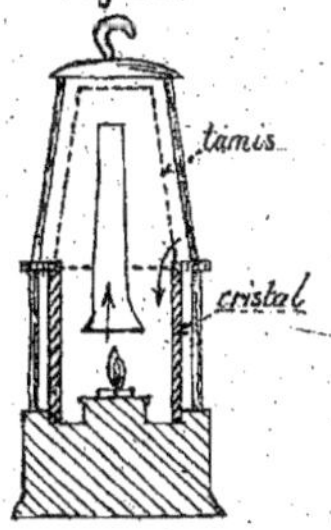

La lampe Mueseler est d'origine belge. À la partie inférieure se trouve un réservoir cylindrique à huile avec porte-mèche central. Sur lui repose un cylindre de cristal assez résistant; au-dessus une toile métallique de 144 mailles au centimètre carré, renferme une cheminée conique qui coiffe la mèche. Le tout est recouvert par une enveloppe en toile métallique maintenue par une armature en fer. L'air entre par le tamis descend à la mèche, et les produits de la combustion s'échappent par la cheminée et le haut du tamis. La lampe s'éteint facilement dès qu'on l'incline, car alors l'air n'arrive plus en quantité suffisante à la mèche. Pour la même raison, si l'oxygène vient

Fig. 122

à diminuer par suite de la présence du grisou, elle s'éteint, ce qui est un avantage. Mais en revanche, en lui imprimant un mouvement vertical rapide, la flamme tend à monter et à passer à travers le tamis. Aussi n'est-elle pas de toute sécurité en milieu très grisouteux (fig. 122 page 151)

Fig. 123

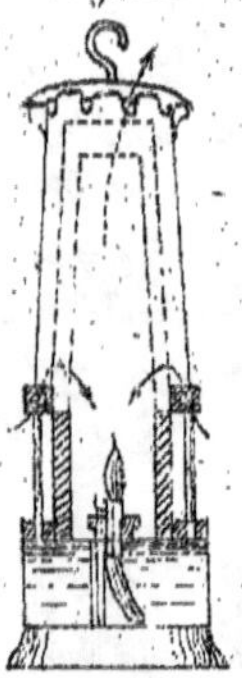

La lampe Marsant n'a plus de cheminée. L'étanchéité (fig. 123) au passage de la flamme est plus grande et assurée par 2 tamis tronconiques concentriques. Un cylindre en tôle recouvre le tout; il est percé d'orifices inférieurs pour l'entrée de l'air, et d'orifices supérieurs pour la sortie des gaz brûlés. Mais la circulation de l'air est telle que le courant doit monter latéralement avant de traverser les tamis pour arriver à la mèche.

Dans la lampe Fumat l'air arrive, au contraire, par le bas au niveau de la mèche. Il y a un seul tamis tronconique, le second étant remplacé par une cheminée cylindrique en tôle, de diamètre égal à celui du verre et fermée en haut par une toile métallique; elle est extérieure au tamis. Cette lampe ne craint pas les déplacements verticaux ou latéraux. Ces trois lampes fonctionnent normalement à l'huile.

La lampe Wolf est à benzine; le pouvoir éclairant est ainsi plus grand. Elle a une cuirasse et un double tamis conforme au type Marsant, mais l'air entre à la partie inférieure, à un niveau inférieur à celui du couvercle du réservoir de la lampe. Ce réservoir est constitué comme celui d'une lampe Pigeon.

Tamis des lampes de sûreté.
- Quelque soit le modèle de lampe, le bon état du tamis est un facteur essentiel de la sécurité. Avant sa mise en service, il faut vérifier chaque maille.
Après un court usage, le tamis s'encrasse; il condense à sa surface des poussières qui s'enflammeront, si le gaz prend

feu à l'intérieur de la lampe, et pourront propager la flamme à l'extérieur. Aussi le nettoyage des tamis doit-il être très soigné. Fait à la main il est très long. On peut brûler les tamis sur un feu ardent pour détruire les poussières; mais on détériore peu à peu le tamis. Le nettoyage mécanique est préférable, en général on place les tamis salés dans un cylindre tournant avec une dissolution de potasse; on peut aussi avoir des brosses actionnées mécaniquement.

Une fois nettoyé, on peut essayer le tamis à l'air comprimé pour savoir s'il résisterait à la pression d'un soufflard

Fermeture des lampes.

L'herméticité de la fermeture doit être telle que l'ouvrier ne puisse ouvrir sa lampe; la plupart des catastrophes provenant de l'ouverture d'une lampe.

Un système simple et très adopté est la fermeture au rivet de plomb, on peut savoir ainsi si le système a été forcé. Un autre système est la fermeture hydraulique; un verrou poussé par un ressort est libéré par l'écartement des deux branches d'un tube manométrique où l'on introduit le liquide sous pression pour ouvrir la lampe.

On a imaginé des fermetures magnétiques; le plus simple est le Système Wolf un cliquet est maintenu par un ressort dans une encoche et forme verrou; au moyen d'un fort aimant on débande le ressort et libère le cliquet, de sorte qu'on peut ouvrir la lampe.

On a aussi construit des lampes qui s'éteignent quand on les ouvre

Rallumage.

Étant donnée la fermeture obligée de la lampe, et pour éviter les pertes de temps provenant du fait qu'il faut porter la lampe à un poste de rallumage éloigné du chantier, on a cherché un mode de rallumage sans ouvrir la lampe. On emploie des bandes de papier avec amorces au fulminate, qu'on fait détoner par le choc d'un ressort. Ces allumeurs à explosion sont dangereux en milieu grisouteux.

On préfère avoir une pastille de pâte phosphorée qu'on enflamme par friction entre une tige dentée et un râcloir.

Le rallumage peut être électrique ; il se fera par une étincelle ou un fil de platine porté à l'incandescence. Mais il faut porter la lampe à un poste de rallumage où l'opération est rapidement effectuée, puisqu'on a pas à ouvrir la lampe.

C — Lampes électriques.

Les lampes électriques sont installées à poste fixe, ou portatives.

Lampes fixes.

Les lampes fixes sont généralement à incandescence. Quelque fois à arc si l'on a besoin d'une grande lumière. Dans une mine grisouteuse, il faut un dispositif de sécurité pour évita tout accident en cas de bris d'une lampe.

Lampes portatives.

Les premières lampes employées étaient à pile.

Actuellement on emploie les lampes à accumulateurs. L'électrolyte est immobilisé avec du silicate de soude. On peut citer les types Sussmann et New Catrice. La durée d'allumage est de 11 à 15 heures.

L'inconvénient est qu'elles sont toutes très lourdes. L'entretien est très couteux. Enfin elles ne peuvent déceler la présence du grisou.

Chapitre X.
—

Renseignements divers.

Il nous reste à dire maintenant quelque mots de diverses questions qui se rapportent à l'exploitation des mines et qui sont :

les installations de la surface ou extérieures à la mine,

les accidents que l'on peut rencontrer,
la réglementation pour tout ce qui a rapport avec les mines,
la main d'œuvre;
et enfin l'importance relative des diverses exploitations minérales en France.

§ 1. _ Installations extérieures.

Les installations que l'on rencontre sur le carreau d'une mine sont les appareils concernant la production de l'énergie, l'enrichissement du minerai ou préparation mécanique, le transport et l'embarquement des produits obtenus.

A. Production de l'énergie.

La production de l'énergie utilisée dans la mine se fait au moyen des chaudières et des machines.

Chaudières.

Dans toute mine une chaudière est presque toujours nécessaire, car même lorsque la commande des appareils mécaniques se fait hydrauliquement ou électriquement, il faut une machine de secours à vapeur.

Les chaudières sont du type à bouilleur ou encore à foyer intérieur. On emploie la chaudière multitubulaire pour avoir de la vapeur à pression élevée. On préfère souvent la chaudière semi-tubulaire à bouilleur et à corps cylindrique, dont le nettoyage est plus facile.

On peut avoir de petites chaudières transportables à vaporisation rapide, dans le cas de mines métalliques d'accès difficile.

Machines.

Nous avons déjà parlé des quatre catégories de moteurs principaux qui sont l'âme de la mine : la machine d'extraction, le compresseur fournissant l'air comprimé pour l'abatage, le ventilateur et la machine d'épuisement.

On rencontre en outre : les pompes d'alimentation des chaudières, les machines électriques pour l'éclairage du carreau

Des moteurs spéciaux, donnent la force utile aux ateliers de préparation mécanique, et aux ateliers de réparation du matériel.

Toutes ces machines dépensent une grande quantité de vapeur. Ainsi avec le système Rateau on recueille toutes les vapeurs d'échappement des diverses machines et on utilise la force qu'elles ont encore à produire de l'énergie électrique, au moyen d'un groupe générateur commandé par une turbine à basse pression.

Pour remplacer la vapeur, on gazéifie le combustible que l'on transforme en gaz pauvre dans des foyers gazogènes. Ce gaz pauvre est utilisé dans des moteurs spéciaux pour actionner des générateurs d'électricité qui distribueront l'énergie électrique en tous les points de la mine. Dans les mines qui transforment leur houille en coke, on utilise pareillement les gaz perdus des fours à coke dans des moteurs à gaz, au lieu de les envoyer sous des chaudières comme on faisait au début.

Enfin pour certaines mines métalliques où l'on a besoin d'une faible puissance mécanique, on fait usage de petits moteurs à pétrole.

B _ Préparation mécanique.

Le minerai ne peut être vendu dans l'état où il se trouve; il faut lui faire subir un enrichissement ou préparation mécanique. Ainsi le charbon ne pourra se vendre au dessous d'une certaine teneur en cendres, variable avec les qualités. S'il s'agit de minerai, il faut augmenter la teneur en métal pour obtenir le minerai marchand.

Principe.

L'enrichissement d'un minerai se fait par deux moyens:
1° _ par triage;
2° _ par lavage.
Pour faciliter ces deux séries d'opérations, il faut broyer la matière soit à la main, ce qui s'appelle faire du scheidage, soit mécaniquement, et la classer ensuite en grains

d'un même calibrage. Le broyage ne doit pas être poussé à l'extrême, afin d'éviter la production de fins ou schlammes qui seront difficiles à traiter.

Toute préparation mécanique comprend donc quatre séries d'appareils :

les broyeurs ;

les classeurs ;

les trieurs

et les laveurs.

Suivant le résultat final à obtenir, on combinera entre elles ces différentes catégories d'appareils. Ainsi on évitera de broyer le charbon, alors qu'un broyage très poussé sera nécessaire pour un minerai complexe.

Broyeurs.

Le premier des broyeurs est le marteau de scheidage de l'ouvrier qui sépare les parties minéralisées des parties stériles.

Les appareils mécaniques agissent par frottement, par chute, ou par coincement correspondant aux types spéciaux appelés : cylindre, bocard, concasseur.

Dans les cylindres le minerai est broyé au moment de son passage, à travers deux tambours qui tournent en sens inverse et qui sont lisses ou cannelés. On peut donner aux tambours un écartement et une vitesse variable (fig. 124)

Fig. 124

Les meules ou moulins réalisent le même mode de broyage par frottement mais dans un sens horizontal au lieu de vertical, la meule se déplace dans une auge circulaire.

Le bocard d'un emploi général pour les minerais d'or est un pilon soulevé par un arbre à came à chaque tour, et qui retombe de tout son poids sur le minerai contenu dans l'auge.

Le concasseur sert à broyer les plus gros morceaux ; il est formé de deux machoires qui se déplacent dans un plan vertical à l'aide d'une bielle ; une machoire peut être fixe.

Le broyeur à force centrifuge employé pour les matières tendres est formé de deux plateaux superposés tournant en sens inverse à grande vitesse et munis de tiges contre lesquelles vient se broyer la matière dans son mouvement de giration.

Dans le broyeur à boulets ce sont des boules en acier très dur qui pulvérisent les substances lors de la rotation de l'appareil, laquelle est lente.

Tous ces broyeurs nécessitent toujours une force motrice considérable.

Classeurs

Les classeurs peuvent être fixes ou mobiles.

Le type du classeur fixe est la grille inclinée à barreaux dont l'écartement est très variable.

Les classeurs mobiles sont au nombre de trois types.

La table à secousses est animée d'un mouvement alternatif avec quelquefois une légère rotation. La table est formée d'une tôle inclinée percée de trous de différents diamètres, petits en haut et grands en bas, ou bien on peut superposer plusieurs tôles avec des trous de diamètre différents, l'ensemble étant animé d'un mouvement oscillatoire; c'est ce qu'on appelle la caisse criblante.

Le crible est aussi à tôles superposées mais le mouvement est rotatif, il est obtenu au moyen de galets coniques, ou à l'aide d'excentriques.

Le trommel est exclusivement rotatif. C'est un tronc de cône en tôle perforé, et légèrement incliné pour faire avancer le minerai; le refus d'un trommel passe sur le suivant, etc (fig. 125).

Fig. 125

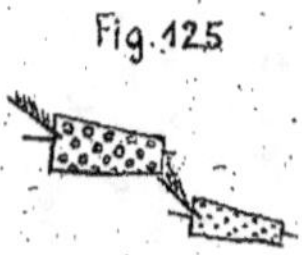

Trieurs.

Le minerai étant cassé pour en séparer les parties stériles, étant criblé ensuite de manière à le ramener à des éléments de même grosseur, devient alors plus facile à trier.

Le triage se fait dans un couloir fixe légèrement

incliné.

Le triage sur une toile de transport est préférable. C'est une courroie sans fin, des deux côtés de laquelle sont assis les trieurs, qui enlèvent les morceaux de stérile passant devant eux.

Pour les minerais de fer magnétique, on les fait passer devant de puissants électro-aimants; le minerai s'y colle, tandis que la gangue continue son mouvement. On utilise également ce procédé pour d'autres minerais complexes contenant des métaux partiellement magnétiques.

Laveurs.

Les appareils laveurs sont des trieurs pour les fins. Ils sont très nombreux comme types; mais se basent tous sur la différence de densité des matières à séparer, et mises en suspension dans l'eau.

Les appareils fixes, comme les sluices pour les sables aurifères, sont des boîtes en bois où les matières circulent, entraînées par un courant d'eau sur une faible pente. L'or, par exemple, se dépose dans des cavités où il est retenu par du mercure, ou par des peaux de mouton, tandis que les matières plus légères sont entraînées par le courant d'eau. De même les caisses pointues ou spitz Kasten sont de grandes caisses, triangulaires vers le bas, les eaux circulent au dessus, au fond se déposent les schlamms métallifères plus lourds (fig. 126). On améliore le dépôt en injectant de l'eau à la partie inférieure des caisses.

Fig. 126

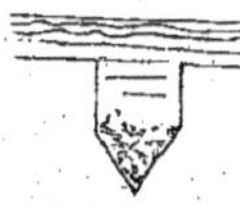

Fig. 127

Les appareils mécaniques sont très nombreux. Dans les bacs à piston, on crée un mouvement de va-et-vient, de l'eau par un piston qui se déplace dans une boîte contiguë à la boîte de lavage. Dans celle-ci les parties lourdes tombent au fond, tandis que les parties légères entraînées par l'eau franchissent le bord de la boîte. (fig. 127).

Les cribles laveurs sont des bacs à piston où les matières à classer se déposent sur une grille surmontée d'un lit filtrant de feldspath laissant passer les schistes à évacuer. Ils sont très employés pour le charbon.

Les tables de lavage sont employées pour les schlamms métallifères. Les unes sont fixes et le minerai arrive par un appareil de distribution mobile. Les autres sont animés d'un mouvement de rotation. D'autres enfin sont à secousses avec une légère rotation.

Sous l'action du mouvement et du courant d'eau, il se forme sur la table des zones successives de minerai enrichi de diverse nature (fig. 128)

Fig. 128

C - Transport.

Il peut transporter le minerai rendu vendable par l'enrichissement, jusqu'au point d'embarquement.

Le transport à dos de bête de somme est très onéreux et très lent. Le transport par charrettes ou par tombereaux est préférable.

Pour les grandes productions, on utilise le chemin de fer, sur voie étroite ou voie normale.

Pour un pays un peu accidenté, on peut utiliser la chaîne flottante. Enfin en pays très accidenté, pour des mines métalliques, on aura recours au câble aérien à 1 ou 2 câbles, généralement mû par moteur.

D - Embarquement des produits.

Si l'embarquement se fait par voie de fer, on accroche au train les wagons chargés.

S'il s'agit de transport par eau il faut basculer les produits dans les péniches du canal, ou dans les bateaux du port. On aura des wagons à caisse oscillante, ou des engins élévateurs qui basculeront les wagons en bout. On utilise aussi des toiles transporteuses qui viennent déverser leur contenu dans le bateau.

§ 2 _ Accidents.

Il faut chercher à rendre minimum le chiffre des accidents, dans un but humanitaire d'abord, dans un but économique ensuite, car les sommes payées pour accidents coûtent toujours fort cher à une compagnie.

La caractéristique d'une bonne exploitation est d'avoir le moins d'accidents possible. Certains sont fréquents, mais en général de peu de gravité. D'autres, plus rares heureusement sont toujours très dangereux pour les ouvriers et pour la mine.

A _ Accidents fréquents.

Il y a des blessures, arrivant presque journellement, par suite de deux causes.

Éboulements.

L'éboulement se produira fréquemment dans un chantier où le boisage est mal fait. La méthode d'exploitation employée peut en être la cause : c'est ainsi que les éboulements sont à craindre dans les méthodes par foudroyage, ou encore dans l'exploitation des couches puissantes quand on passe sous des remblais encore mal tassés.

Il faudra donc toujours veiller d'une façon toute spéciale au soutènement dans les galeries et les fronts de taille.

Accidents de roulage.

Il y aura souvent des coups reçus pendant la marche d'un wagonnet, surtout dans les plans inclinés. Il faudra donc réglementer convenablement la circulation sur ces plans ainsi que nous l'avons déjà dit à propos du roulage, soigner convenablement la pose des voies, de manière qu'il ne se produise aucun déraillement créer dans les voies principales de roulage des garages où l'on puisse se mettre à l'abri lors du passage du train.

B — Coups de grisou.

Les coups de grisou sont les accidents caractéristiques des mines de houille.

Ils sont heureusement moins fréquents aujourd'hui qu'autrefois. Ils proviennent souvent de ce que l'on emploie à tort des lampes à feu nu dans une mine que l'on ne considérait pas jusque là comme grisouteuse.

Ils proviennent de l'ouverture d'une lampe par un ouvrier que l'habitude du danger fait mépriser les mesures de prudence.

Ils sont provoqués par l'échauffement des lampes dans un milieu très grisouteux, par la sortie brusque de la flamme sous l'action d'un fort courant d'air, par la détonation d'une matière explosive.

Dans une mine où le courant d'air est fort divisé, l'explosion de grisou, qui se manifeste dans un quartier, peut ne pas atteindre les autres, et les effets mécaniques et dévastateurs seront moins considérables. Point de ventilateur détruit; pas de flammes montant jusqu'à la surface et provoquant des incendies, comme cela s'est vu autrefois.

Mais il y aura toujours production de gaz délétères, qui auront pour effet de venir asphyxier des ouvriers même à une grande distance du lieu de l'explosion.

C — Coups de poussière.

On a, pendant bien longtemps, considéré ces accidents comme connexes de la présence du grisou.

Certains charbons donnent des poussières fort ténues qui se diluent dans l'atmosphère et qui, à un moment donné, font explosion. Le grisou n'est pas toujours l'auteur de ces explosions; il peut être en proportion très faible et allumer les poussières; la présence d'un centième de gaz dans l'air produira l'inflammation. Mais on a constaté aussi que les coups de poussière se produisaient fort bien lors de l'absence complète du grisou.

L'inflammation spontanée se fait par l'échauffement dû à un coup de mine ou par la flamme des gaz dégagés par ce coup de mine. Elle provient de l'étincelle d'un pic, d'une mauvaise fermeture de lampe, de toute cause d'échauffement. Ces poussières sont, en somme, tout aussi à craindre que le grisou, quand bien même le grisou n'est pas connu dans la mine.

Les coups de poussières sont d'ailleurs plus terribles que les explosions de grisou. La propagation de la flamme est très rapide: on voit brûler non seulement les poussières qui sont en suspension dans l'atmosphère, mais encore celles qui se sont déposées sur le sol ou sur les bois de la galerie si bien qu'après l'explosion on remarque une série de petits fragments de coke extrêmement brillants déposés sur les cadres du boisage.

Il est donc de toute nécessité d'éviter que les poussières ne voltigent ainsi dans l'atmosphère. La nécessité s'impose aussi au point de vue humanitaire, car les poussières, pénétrant dans les poumons des ouvriers, les perforent et provoquent peu à peu la tuberculose.

Pour amener le dépôt de ces poussières, il faut arroser énergiquement le sol des galeries. On avait songé tout d'abord à employer le sel marin, pour diminuer l'action desséchante du courant d'air; mais l'effet retardateur de la volatilisation des poussières était peu efficace. On avait songé aussi à saturer l'air d'humidité au moyen de la vapeur. Mais une condensation rapide se produit dans les conduites.

Il vaut mieux employer directement l'eau. On l'injecte sous forme de brouillard, afin de ne pas mouiller trop fortement le sol des galeries, car on pourrirait les traverses de roulage. Pour les voies en cul de sac, on a des réservoirs mobiles dans lesquels plongent des pompes manœuvrées à la main. Pour les voies de roulage l'injection d'eau peut se faire à l'aide d'un courant d'air comprimé. Mais il vaut mieux pour n'avoir qu'une seule tuyauterie, établir une conduite d'eau sous pression, que l'on fera échapper à l'état très divisé par des ajutages convenablement disposés.

On emploie également avec succès la schistification ; c'est-à-dire qu'on diminue le degré d'inflammabilité des poussières en les mélangeant à des schistes. Pour lutter contre la propagation d'une explosion de poussières, on dispose le long des grandes galeries des bacs remplis de schistes et placés sur des planches au toit de la galerie. Si une explosion se produit, ces bacs sont renversés par la chasse d'air et empêchent l'inflammation des poussières de la galerie, en déversant leurs schistes qui se mêlent aux poussières.

II. — Incendies.

L'incendie souterrain est provoqué par l'échauffement de menus charbons pyriteux ou même de schistes pyriteux laissés dans les remblais des charbonnages. Il est dû aussi à l'échauffement du charbon resté en place, lorsque des fissures s'y produisent par le tassement progressif des remblais sur lesquels repose le charbon. Il provient enfin d'éboulements importants dans des couches de houille de grande puissance.

Dès qu'on s'aperçoit qu'un quartier commence à s'échauffer, il faut éviter la propagation de cet échauffement sous l'influence du courant d'air. Dans le cas où il provient de menus laissés en petite quantité dans les remblais, on refait ces remblais, et l'on charge sur wagonnets les blocs en feu pour les remonter à la surface. Il faut alors aérer fortement le chantier où la température de travail est très élevée.

Si, au contraire, l'incendie est plus important, il faut construire des barrages, qui empêcheront tout accès d'air sur le foyer et s'opposeront en même temps au retour des gaz produits par la combustion. On fait un barrage provisoire en planches, et dès qu'on le peut on le remplace par de la maçonnerie avec bourrage d'argile. Il est bon de réserver, comme pour le serrement établi contre l'eau, un tuyau d'échappement pour les gaz. On évitera ainsi une pression trop forte contre le barrage, et au bout de quelque temps on pourra se rendre compte si l'incendie dure encore, ce qu'on reconnaîtra au dégagement d'une odeur sulfureuse. Si l'on dispose d'une certaine quantité d'eau, on pourra, sitôt le barrage fait, noyer toute la partie de la mine qui a été réservée et dont on a fait la part du feu.

E_ Sauvetage

Après les coups de grisou, de poussière ou les incendies il faut pénétrer dans la mine avec des appareils spéciaux permettant d'opérer le sauvetage, de rechercher les morts dans un milieu irrespirable et de rétablir les travaux détruits pour redonner à l'aérage son courant naturel et rationnel.

Ces appareils consistent à faire respirer à l'ouvrier de l'air amené par un tuyau flexible, mais résistant, dont l'une des extrémités plonge dans l'atmosphère, tandis que l'autre est fixée sur un respirateur à deux valves que l'ouvrier tient dans sa bouche, son nez étant pincé de manière à l'empêcher de respirer les gaz de l'atmosphère ambiante. Les appareils sont de deux sortes:

Les uns sont à tube souple permettant d'aller à 100 ou 200 mètres, comme l'appareil Fayol qui se place entre les dents et les lèvres. Si l'on doit pénétrer dans des fumées, le respirateur ferme-bouche est remplacé par un réservoir.

Les autres sont à réservoir portatif avec lequel l'ouvrier emporte une provision d'air pour une longue tournée de mine. Les réservoirs sont à air comprimé comme dans le système Fayol; ou bien à oxygène comprimé comme les appareils Tissot ou Balthazard et Desgrez. L'acide carbonique est absorbé par une lessive de potasse.

L'ouvrier doit pouvoir respirer librement une quantité d'oxygène variable avec le travail auquel il se livre.

Il est nécessaire d'avoir une station de sauvetage organisée, avec un personnel exercé.

F_ Coups d'eau.

Les coups d'eau proviennent d'éboulements dans une partie de la mine communiquant avec une nappe d'eau. Ils sont provoqués aussi par la rupture d'un cuvelage ou encore par la mise à jour d'anciens travaux noyés.

On y remédie par des injections de ciment. Quand on soupçonne une venue d'eau un peu forte, on se fait précéder à l'avancement par une série de trous de sonde, qui saignent le terrain à 4 ou 5 mètres en avant.

Si le coup d'eau ne peut être évité, on se hâte d'effectuer un serrement, en laissant au besoin noyer une partie des travaux, de manière à conserver le reste intact.

§. 3 — Réglementation

Nous allons dire quelques mots des divers règlements qu'il faut observer au cours d'une exploitation. Les uns se rapportent à la nature même de ce que l'on fait, c'est-à-dire à la mine ; d'autres concernent les appareils à vapeur, qui existent toujours dans toute exploitation un peu importante ; d'autres enfin concernent le personnel employé, au point de vue des retraites et caisses de secours, du travail, et des accidents.

A — Réglementation des mines.

Elle est constituée par toute une série de lois, décrets, circulaires, arrêtés et ordonnances, qui envisagent des questions d'ordre général, d'une part ; et la police des mines d'autre part.

Dispositions générales

Ainsi que nous l'avons déjà dit au début de ce cours, les mines sont régies en France par la loi du 21 Avril 1810. Une nouvelle loi vient d'être votée il y a peu de temps pour la modifier, surtout en ce qui concerne les concessions. La loi de 1810 avait déjà subi certaines modifications, les unes spéciales aux mines de fer instituées par une loi du 9 Mai 1866, les autres plus générales instituées par la loi du 27 Juillet 1880.

La loi de 1810 établit la propriété minière par l'octroi de la concession (voir chapitre III) Elle classe les gîtes minéraux exploitables en mines, minières et carrières suivant la nature des substances minérales contenues.

Les mines contiennent or, argent, platine, mercure, plomb, fer en filons ou couches, cuivre et tous métaux, soufre, charbon, bitume, alun et sulfates.

Les minières comprennent les minerais de fer alluvionnaires et les terres pyriteuses ou alumineuses et les tourbes.

Les carrières renferment: ardoises, grès, pierres à bâtir, pierres à chaux, à plâtre, substances terreuses et cailloux de toute nature.

L'exploitation pour les mines nécessite l'obtention de la concession, pour les minières la seule autorisation préfectorale, et pour les carrières la simple déclaration.

D'autres lois sont venues après concernant les mines de sel gemme, l'assèchement et l'exploitation des mines inondées et les mines inexploitées avec le retrait de concession qui peut en résulter.

Police des mines.

Le droit de contrôle et de police par l'État est fixé par la loi de 1810 pour assurer la sécurité publique et celles des ouvriers. Il a été exercé par une série de règlements très nombreux et très divers.

Les uns sont des mesures diverses concernant: le fonctionnement du Service d'Inspection des Mines; les précautions générales à prendre dans l'exploitation (décret du 14 Janvier 1909); la mise en service des câbles d'extraction; l'établissement d'une double communication avec le sol pour les exploitations souterraines; la méthode d'exploitation par piliers abandonnés; le freinage des plans inclinés par des contrepoids normalement serrés; la fermeture des recettes des puits; les appareils respiratoires, etc, etc..., mesures que nous avons signalées, ainsi que les suivantes, au long de ce cours, aux divers chapitres qu'elles envisagent.

Les autres ont trait aux mines à grisou ou à poussières; exploitation des mines à grisou; enquêtes prescrites sur les causes des accidents de grisou; création de la Commission permanente des recherches scientifiques sur le grisou et les explosifs

De mines; emploi des explosifs types, fermeture et rallumage des lampes de sûreté; dosage du grisou.

D'autres concernent l'usage des explosifs: règlement d'administration publique sur la dynamite et la nitro-glycérine, fabrication, vente, transport et emploi de la dynamite dans les mines et carrières; conditions à remplir par les dépôts d'explosifs et les dynamitières souterraines, explosifs de sûreté, explosifs de sécurité en présence du grisou ou des poussières, étiquetage des cartouches d'explosif; interdiction de verser à un des explosifs détonants dans les trous de mine, débourrage des coups de mine ratés, etc...

D'autres enfin concernent l'hygiène et la sécurité des ouvriers mineurs; mesures de salubrité (loi du 23 Juillet 1907) institution de délégués à la sécurité des ouvriers mineurs (loi du 8 Juillet 1890) chargés de visiter les travaux souterrains.

B_ Réglementation des appareils à vapeur.

Cette réglementation est fixée par le décret du 30 Avril 1880 qui prescrit une épreuve décennale pour tous les réservoirs ou générateurs de vapeur. Cette épreuve est passée par un agent du service des Mines, qui donne un certificat d'épreuve.

Un arrêté du 3 Juin 1908 a institué la Commission des appareils à vapeur et automobiles.

C_ Réglementation ouvrière

Caisses de secours et de retraites.
La loi du 29 Juin 1894 a institué les caisses de secours et de retraites pour les ouvriers mineurs.

Législation du travail
La durée du travail dans les mines est fixée à 8 heures par la loi du 29 Juin 1905. Le travail des enfants, filles mineures et des femmes est régi par divers règlements.

Le repos hebdomadaire est appliqué par la loi du 13 Juillet 1906.

Accidents du travail

La constatation et les enquêtes des accidents est faite par le Contrôle et le délégué mineur. Les responsabilités et les indemnités aux ouvriers victimes dans leur travail sont établies d'après la loi du 9 Avril 1898.

§ 4 _ Personnel.

Le personnel d'une exploitation comprend le personnel exécutant et le personnel de surveillance.

A _ Personnel ouvrier.

Le personnel exécutant est constitué par l'ensemble des ouvriers employés aux travaux de toute sorte. Son importance varie avec l'importance de l'exploitation ; c'est ainsi que sur le nombre total des ouvriers employés dans les mines ou minières en France plus des 4/5 sont au service des mines de combustibles ; le nombre d'ouvriers employés dans les carrières est un peu plus de la moitié de celui des mines et minières.

Composition

Dans les exploitations souterraines il faut distinguer le personnel employé au fond de la mine, et celui employé à la surface.

Le personnel du fond comprend les ouvriers qui exécutent les diverses opérations que nous avons étudiées. Le piqueur est l'ouvrier qui fait l'abatage au chantier, il s'occupe également du chargement des wagonnets, de la pose des cadres, et de la mise en place des remblais. Le rouleur prendra les wagonnets chargés au chantier et les amènera d'abord en les poussant jusqu'à la galerie principale de roulage, et de là au moyen de la traction animale ou mécanique jusqu'au puits. A la recette du puits certains rouleurs seront spécialiés à la manœuvre de chargement des cages; d'autres seront chargés des moteurs des plans inclinés. Le boiseur s'occupera du revêtement et du soutènement des galeries, suivant le cas ce sera un charpentier ou un maçon. Il sera également chargé de la pose de la voie et de l'entretien du boisage de la mine.

Le personnel du jour est plus différencié, mais moins nombreux, en général égal au 1/3 de celui du fond. Il comprend les mécaniciens pour le moteur d'extraction et les autres machines; les chauffeurs des chaudières, les manœuvres pour le déchargement et le roulage des wagonnets, les cribleurs utilisés pour l'atelier de préparation mécanique, ce sont bien souvent des femmes, etc...

Salaires.

Le mode de règlement des salaires se fait à la journée, à la tâche, ou à prix fait. Cela dépend de la nature des travaux à exécuter.

Le salaire à la journée s'emploiera pour les ouvriers qui ne sont pas directement productifs, comme ceux de la surface.

Le salaire à la tâche fixe un minimum de travail à accomplir avec des primes si la tâche imposée est dépassée.

Le salaire à prix fait généralement employé pour les piqueurs, paie chaque unité de travail sur un taux déterminé; les difficultés résident dans le contrôle de la production et dans la fixation du prix de base qui doit suivre les variations des conditions du travail. Bien souvent du reste le système à prix fait est appliqué avec un minimum de salaire garanti. C'est alors une sorte de salaire à la journée avec primes à la production.

B — Personnel de surveillance.

Service technique.

Les piqueurs dans chaque chantier sont sous les ordres du Chef de chantier qui est responsable du travail exécuté.

Les chefs de chantier dépendent du Chef de poste. Il y

en a un par groupement de chantiers comprenant de 25 à 30 hommes.

Le maître-mineur ou porion répartit le travail entre les chefs de poste. Si l'importance de la mine l'exige il y a un porion-chef.

Tout ce personnel doit exécuter les ordres de l'Ingénieur chargé du puits.

Les puits sont groupés en général par deux, puits d'aérage et puits d'extraction : cet ensemble forme une fosse, ou siège d'extraction.

Chaque fosse est donc dirigée par un ou deux ingénieurs.

L'ensemble de deux ou trois sièges forme une division à la tête de laquelle est un ingénieur-Divisionnaire.

Enfin, pour une grande exploitation, toutes les divisions sont sous la dépendance de l'Ingénieur en Chef.

Service administratif.

A côté du Service Technique, le Service Administratif chargé de toutes les questions concernant le personnel, le matériel, les relations avec les autorités, etc......

Service de comptabilité.

C'est lui qui établit le prix de revient de la tonne de minerai.

Il s'occupe de payer les salaires, et les matières premières.

Service commercial

Il s'occupe de vendre les produits de l'extraction. Il y a intérêt à y mettre des ingénieurs.

Direction

A la tête de tous ces services se trouve le directeur de la Compagnie.

§ 5 — Importance relative des diverses exploitations minérales en France.

Nous terminerons ce cours par quelques données sur l'importance relative de la production minérale en France. Nous passerons successivement en revue les mines qui exploitent des substances concédées, les minières qui extrayent des substances non concédées mais autorisées et les carrières qui produisent les substances que l'on peut exploiter en faisant une simple déclaration.

A — Mines.

Nous nous baserons pour la production sur les tonnages extraits en 1914, avant la guerre.

Au premier rang les combustibles minéraux avec une production de près de 40.000.000 tonnes; dans ce chiffre la houille et l'anthracite entrent pour 98 % et le lignite pour 2 %.

Au second rang, mais loin derrière les minerais de fer avec une production du quart de la précédente.

Ensuite le sel gemme avec une production du dixième de celle du fer.

Puis la pyrite de fer dont l'extraction atteint le tiers de celle du sel gemme.

Et les substances bitumineuses en quantité un peu moindre.

Les minerais de zinc dont l'extraction est le quart de celle de la pyrite.

Puis les minerais d'antimoine et de plomb argentifère produits en quantité 5 fois moindre que ceux de zinc.

Les minerais de manganèse, de cuivre et de quartz aurifère en quantité moitié moindre.

En dernier lieu viennent les minerais de soufre et d'arsenic en quantité moitié moindre.

B_Minières.

Les minières comprennent seulement 3 substances exploitées ;

Le minerai de fer alluvionnaire produit en quantité légèrement inférieure au sel gemme.

Le sel marin produit en quantité égale aux 2/3 de la précédente

La tourbe produite en quantité égale au 1/4 du sel marin.

C _ Carrières

Les matériaux de construction occupent le premier rang avec 25.000.000 tonnes qui se répartissent en :

pierre à bâtir 40 %, sable et gravier 20 %, argile pour briques et tuiles 20 %, chaux hydraulique 10 %, plâtre 6 %, ciment 3 %, chaux grasse 0,5 %, ardoises pour toitures 0,5 %.

Les matériaux de pavage et d'empierrement sont produits en quantité moitié moindre comprenant : ballast et empierrement 96 %, pavés 3,5 % dalles 0,5 %

Les matériaux pour l'industrie en quantité égale au quart de la précédente comprenant : silex et sable 25 %, castine 24 %, dolomie et calcaire pour sucreries 22 %, argile à faïence et à poterie 12 %, argile réfractaire 7 %, bauxite 3,5 %, kaolin 2 % ocres 1 %, substances diverses ; sulfate de baryte, spath fluor, etc...) 3,5 %.

Les matériaux pour l'agriculture dont la production est les 4/5 de la précédente : elle se répartit en : marne 50 %, chaux 25 % phosphate de chaux 17 %, gypse en plâtre pour amendement 8 %.

Enfin les matériaux d'ornements et divers extraits en quantité égale au 1/10° de l'extraction précédente. Ils comprennent : marbres 60 %, craie 16 %, meules 12 %, talc et amiante 8 %, divers (pierres à mosaïques, ardoises, pierre à aiguiser, granits, porphyres) 14 %.

Ainsi peut se résumer l'extraction minérale en France. On voit que les mines de houille sont les plus nombreuses et les plus importantes des exploitations. Ce rôle prépondérant existe non seulement dans notre pays, mais aussi dans tous les autres spécialement dans les pays charbonniers comme les États Unis qui produisirent 500.000.000 tonnes en 1913, l'Angleterre 270.000.000 tonnes et l'Allemagne 225.000.000 tonnes. C'est pourquoi c'est dans les charbonnages que se produit surtout l'amélioration si rapide de l'art des mines et son évolution incessante par des progrès chaque jour nouveaux et plus nombreux.

————

Fin.

J. Arnoul de Grey
Ingénieur Civil des Mines
Diplomé de l'École Nationale Supérieure des Mines
de Paris.

Table des Matières.

Chapitre 1
Géologie.

Chapitre II

Chapitre III

Chapitre IV.

Chapitre V

Chapitre VI

Travaux préparatoires.

Chapitre VII

Chapitre VIII.
Extraction du minerai

Chapitre IX
Services généraux d'une exploitation — 131

Chapitre X

Chapitre X.
Renseignements divers ... 154

ÉCOLE DU GÉNIE CIVIL

Pour l'Industrie, la Marine, l'Armée, les Grandes Ecoles et les Administrations

152, AVENUE WAGRAM, PARIS (7e)

Directeur : M. JULIEN GALOPIN, ⬦, Ingénieur

BULLETIN DE RENSEIGNEMENTS

(A renvoyer à l'Ecole)

NOTA — Le présent bulletin n'engage en rien la personne qui le remplit. Il est simplement destiné à donner à l'Ecole des renseignements précis, soit sur le cours à suivre, soit sur la situation que l'on désire obtenir.

(L'Ecole est heureuse de renseigner gratuitement et aussi complètement que possible toutes les personnes qui s'adressent à elle)

Nom et prénoms du candidat. .... _______________________

Adresse. .... _______________________

Lieu et date de naissance. .... _______________________

Etablissement scolaire qu'a fréquentés le candidat .... _______________________

Quelles classes a-t-il faites ? .... _______________________

Quelles sont exactement ses connaissances mathématiques .... _______________________

Connaissances techniques ou manuelles. .... _______________________

Quels emplois le candidat a-t-il occupés ? .... _______________________

Situation actuelle .... _______________________

Quelle section, partie de section ou cours désire-t-il suivre ? .... _______________________

Quelle situation ou quel concours a-t-il en vue ? .... _______________________

A ________________ le ____________ 19____

Signature du Candidat :

Enregistré à Paris, le ________________   *Visa du Chef de Service :*

RENSEIGNEMENTS PAR CORRESPONDANCE

L'Enseignement par Correspondance

Ses Avantages - Les raisons de notre succès

L'Enseignement par Correspondance est plus avantageux que l'enseignement oral : au point de vue pécuniaire, au point de vue du temps, au point de vue de l'élasticité et individualité.

Chez vous, sans vous déranger, vous recevez des leçons écrites de professeurs éminents, des devoirs bien présentés, parfaitement gradués ; des corrections parfaites, des observations nombreuses.

Les cours sont très bien imprimés : les dessins, quand il y en a, nettement tracés.

Le travail est alors un véritable plaisir.

Nous résumons succinctement les causes des brillants succès de l'Ecole. Les personnes désireuses d'être complètement renseignées sur son fonctionnement n'auront qu'à demander le **Programme officiel qui leur sera adressé gratuitement par la Direction.**

1° L'Ecole ne faisant aucun bénéfice sur son enseignement a pu établir des prix de préparation qu'aucun établissement commercial ne pourrait faire, à **valeur égale d'Enseignement.**

2° Etant la seule Ecole de ce genre qui **soit subventionnée** en raison de la haute valeur de son enseignement, et **recevant chaque année de nouvelles subventions,** le prix de ses préparations va sans cesse en diminuant tandis que le nombre des cours augmente continuellement.

3° Son personnel, très sévèrement sélectionné, ne se compose que de professeurs, d'ingénieurs ou d'officiers ayant tous une certaine célébrité par les travaux qu'ils ont faits.

4° **Les professeurs enseignent par Correspondance les cours qu'ils professent sur place. C'est la seule Ecole par Correspondance qui jouisse de cet avantage.**

5° La moyenne des élèves reçus aux concours et examens a dépassé jusqu'ici 75 %.

6° Chacun peut s'instruire sans que personne ne le sache, **même en suivant des cours dans une autre Ecole.**

7° Tous les élèves se préparant aux carrières industrielles ou non reçus aux examens **sont rapidement placés par les soins de l'Ecole.**

8° Grâce aux nombreux ouvrages de l'Ecole (300 cours imprimés ou autographiés), réimprimés chaque année, les élèves ont non seulement les plus grandes facilités pour s'instruire, mais lorsqu'ils ont quitté l'Ecole, ils peuvent encore suivre très rapidement les progrès réalisés chaque jour dans la Mécanique ou les Sciences.

9° Les diplômes de l'Ecole sont très appréciés dans la Marine marchande et dans l'Industrie, à cause des capacités reconnues de nos élèves.

C'est d'ailleurs la seule Ecole qui délivre pour toutes les *branches d'industrie* des diplômes *à tous les Grades.* **(Contremaîtres, Conducteurs, Sous-Ingénieurs, Ingénieurs.)**

10° Les anciens Elèves sont groupés en Association, ce qui permet à tous les adhérents de la Société d'être prévenus immédiatement des divers avantages pouvant les intéresser. (*Demander les statuts*).

11° Une revue technique mensuelle " *Motor* " qui a justement et très rapidement acquis une place dans la littérature technique, traite de sujets originaux et forts intéressants. Un bulletin mensuel est de plus l'organe de la Société des Anciens Elèves qui le reçoivent **gratuitement.**

12° Les ouvrages de l'Ecole du Génie Civil sont adoptés par de **nombreuses Ecoles Industrielles et Maritimes, (Ecoles Arts et Métiers, Instituts Electro-techniques, Ecoles de Mécaniciens, etc.**